U0462994

崇文国学经典普及文库

CHONGWEN GUOXUE JINGDIAN PUJI WENKU

# 孝 经　忠 经

卢付林 注译

长江出版传媒 | 崇 文 书 局

**图书在版编目（CIP）数据**

孝经·忠经/卢付林注译.—2版.—武汉：
崇文书局, 2015.6（2016.1 重印）
（崇文国学经典普及文库）
ISBN 978-7-5403-3905-0

Ⅰ.①孝… Ⅱ.①卢… Ⅲ.①家庭道德－中国－古代 ②《孝经》－
译文 ③《忠经》－译文 Ⅳ.①B823.1

中国版本图书馆 CIP 数据核字(2015)第 111096 号

统　　筹:陈中琼
责任编辑:陈中琼　李利霞

出版发行: 长江出版传媒 | 崇文书局
　　　　　（武汉市雄楚大街 268 号·湖北出版文化城主楼 C 座 11 层
　　　　　营销:027-87393855　传真:027-87679712）
印　　刷:湖北鄂南新华印刷包装有限公司
开　　本:710×1000　　1/16
印　　张:9
字　　数:100 千字
版　　次:2015 年 6 月第 2 版
印　　次:2016 年 1 月第 3 次印刷
定　　价:16.80 元

# 总序

　　现代意义的"国学"概念，是在 19 世纪西学东渐的背景下，为了保存和弘扬中国优秀传统文化而提出来的。1935 年，王淄尘在世界书局出版了《国学讲话》一书，第 3 页有这样一段说明："庚子义和团一役以后，西洋势力益膨胀于中国，士人之研究西学者日益众，翻译西书者亦日益多，而哲学、伦理、政治诸说，皆异于旧有之学术。于是概称此种书籍曰'新学'，而称固有之学术曰'旧学'矣。另一方面，不屑以旧学之名称我固有之学术，于是有发行杂志，名之曰《国粹学报》，以与西来之学术相抗。'国粹'之名随之而起。继则有识之士，以为中国固有之学术，未必尽为精粹也，于是将'保存国粹'之称，改为'整理国故'，研究此项学术者称为'国故学'……"从"旧学"到"国故学"，再到"国学"，名称的改变意味着褒贬的不同，反映出身处内忧外患之中的近代诸多有识之士对中国优秀传统文化失落的忧思和希望民族振兴的宏大志愿。

从学术的角度看,国学的文献载体是经、史、子、集。崇文书局的这一套国学经典普及文库,就是从传统的经、史、子、集中精选出来的。属于经部的,如《诗经》《论语》《孟子》《周易》《大学》《中庸》《左传》;属于史部的,如《战国策》《史记》《三国志》《贞观政要》《资治通鉴》;属于子部的,如《道德经》《庄子》《孙子兵法》《鬼谷子》《世说新语》《颜氏家训》《容斋随笔》《本草纲目》《阅微草堂笔记》;属于集部的,如《楚辞》《唐诗三百首》《豪放词》《婉约词》《宋词三百首》《千家诗》《元曲三百首》《随园诗话》。这套书内容丰富,而分量适中。一个希望对中国优秀传统文化有所了解的人,读了这些书,一般说来,犯常识性错误的可能性就很小了。

崇文书局之所以出版这套国学经典普及文库,不只是为了普及国学常识,更重要的目的是,希望有助于国民素质的提高。在国学教育中,有一种倾向需要警惕,即把中国优秀的传统文化"博物馆化"。"博物馆化"是20世纪中叶美国学者列文森在《儒教中国及其现代命运》中提出的一个术语。列文森认为,中国传统文化在很多方面已经被博物馆化了。虽然中国传统的经典依然有人阅读,但这已不属于他们了。"不属于他们"的意思是说,这些东西没有生命力,在社会上没有起到提升我们生活品格的作用。很多人阅读古代经典,就像参观埃及文物一样。考古发掘出来的珍贵文物,和我们的生命没有多大的关系,和我们的生活没有多大关系,这就叫作博物馆化。"博物馆化"的国学经典是没有现实生命力的。要让国学经典恢复生命力,有效的方法是使之成为生活的一部分。崇文书局之所以强调普及，深意在此，期待读者在阅读这些经典时，努力用经典来指导自己的内外生活，努力做一个有高尚的人格境界的人。

国学经典的普及，既是当下国民教育的需要，也是中华民族健康发展的需要。章太炎曾指出，了解本民族文化的过程就是一个接受爱国主义教育的过程："仆以为民族主义如稼穑然，要以史籍所载人物制度、地理风俗之类为之灌溉，则蔚然以兴矣。不然，徒知主义之可贵，而不知民族之可爱，吾恐其渐就萎黄也。"（《答铁铮》）优秀的传统文化中，那些与维护民族的生存、发展和社会进步密切相关的思想、感情，构成了一个民族的核心价值观。我们经常表彰"中国的脊梁"，一个毋庸置疑的事实是，近代以前，"中国的脊梁"都是在传统的国学经典的熏陶下成长起来的。所以，读崇文书局的这一套国学经典普及读本，虽然不必正襟危坐，也不必总是花大块的时间，更不必像备考那样一字一句锱铢必较，但保持一种敬重的心态是完全必要的。

期待读者诸君喜欢这套书，期待读者诸君与这套书成为形影相随的朋友。

陈文新

（教育部长江学者特聘教授，武汉大学杰出教授）

　　《孝经》是一部重要的儒家经典，被尊为"儒家十三经"之一，在中国社会流传极广，影响至深。关于《孝经》的作者，历来说法不一。《汉书·艺文志》中讲："《孝经》者，孔子为曾子陈孝道也"，认为《孝经》的作者是孔子。《孝经》全书共分18章，是儒家十三经中篇幅最短的一部，以孔子与其弟子曾参谈话的形式展开论述。《孝经》虽然篇幅短小，但内容很丰富，也很深刻。

　　《忠经》，全书共分18章，是一部完全仿照《孝经》体例而作的儒家经典，旧本题为东汉马融撰。马融是东汉著名经学家，字季长，扶风茂陵（陕西兴平东北）人。关于其写作缘由，作者已在序中提到："《忠经》者，盖出于《孝经》也。仲尼说孝者所以事君之义，则知孝者，俟忠而成之，所以答君亲之恩，明臣子之分。忠不可废于国，孝不可弛于家。孝既有经，忠则犹阙。故述仲尼之说，作《忠经》焉。"

　　《孝经》《忠经》分别对孝、忠的含义、标准、目的作了全方位的阐释，并分章对封建社会各主要阶层应履行的孝道和忠道一一进行了阐述。两书极力渲染忠、孝的重要性，极力描绘忠、孝为个人、家庭、国家带来的光明前景，力劝人们严格遵守忠、孝二道。

忠、孝是古代儒家学说的重要内涵与范畴。由于统治阶级的提倡和宣传，二者便成为古代中国最应讲究、最被看重的两大思想观念，影响极其广泛和深远，所谓"忠孝两全"，恐怕是古代对一个人最完美的评价。毋庸置疑，忠、孝思想存在许多封建糟粕，但其中也不乏闪光成分而值得今天借鉴。为了便于读者了解古代儒家文化，探讨和批判地继承中国固有的传统观念，本书对集中反映、宣传、倡导忠、孝观念的两部经典加以整理、注解、白话翻译，供广大读者鉴赏，供有志深入研究的人参考。

# 孝 经

## 忠 经

# 孝经

# 孝经序

李隆基①

联闻上古,其风朴略②。虽因心之孝已萌③,而资敬之礼犹简④。及乎仁义既有,亲誉益著⑤。圣人知孝之可以教人也。故因严以教敬⑥,因亲以教爱⑦。于是以顺移忠之道昭矣⑧,立身扬名之义彰矣⑨。子曰:"吾志在《春秋》,行在《孝经》⑩。"是知孝者,德之本欤⑪!

【注释】

①李隆基:即唐玄宗,公元712—756年在位。前期先后任用姚崇、张九龄等为相,整顿弊政,社会经济继续有所发展,号为开元之治。后期任用李林甫、杨国忠等执政,官吏贪渎,政治腐败,导致了安史之乱。

②其风朴略:民风淳朴。其,指代上古。

③萌:萌芽。

④资敬之礼犹简:没有一套完整的礼仪。

⑤亲誉益著:孝敬亲人所得到的赞誉越来越明显。著,明显,突出。

⑥因严以教敬:根据子女尊敬父母的道理来教导人们尊敬他人。因,根据。严,尊敬。

⑦因亲以教爱:根据父母爱护子女的道理来教导人们爱护他人。亲,爱护。

⑧以:将,把。顺:和顺,柔爱。移:推移。昭:明显,显著。

⑨立身：安身立命。义：意义。彰：明显，显著。

⑩"吾志在《春秋》"二句：我的志向是通过《春秋》来反映的，我的行为都体现在《孝经》里边。本句应为汉儒假托孔子的话。在，体现在。

⑪本：根本。

**【译文】**

　　我听说远古的时候，民风淳朴。虽然对父母的孝敬之心已经萌芽，但尚未有一套完整的礼仪。到后来，仁义之心和正义之道都已具备，孝敬亲人所得到的赞誉就越来越明显。圣人由此悟出了用孝道可以教化百姓的道理，就根据子女孝敬父母的道理来教导人们尊敬他人，根据父母爱护子女的道理来教导人们爱护他人。所以，将对父母的孝敬及对兄长的爱戴推移到对君王的忠孝上来的道理就非常清楚，一个人建功立业扬名后世的意义也就非常明显了。孔子说："我的志向是通过《春秋》来反映的，我的行为都体现在《孝经》里边。"这说明他懂得了孝道是一

切德行的根本啊!

　　经曰①:"昔者明王之以孝理天下也②,不敢遗小国之臣③,而况于公、侯、伯、子、男乎④?"朕尝三复斯言⑤,景行先哲⑥。虽无德教加于百姓,庶几广爱形于四海⑦。

　　嗟乎⑧!夫子没而微言绝,异端起而大义乖⑨。况泯绝于秦⑩,得之者皆煨烬之末⑪。滥觞于汉⑫,传之者皆糟粕之余。故鲁史《春秋》,学开五传⑬,国风雅颂,分为四诗,去圣逾远⑭,源流益别⑮。

**【注释】**

①经:即《孝经》。

②明王:英明的君王。

③遗:丢失。

④公、侯、伯、子、男:均为爵位。《礼记·王制》:"王者之制禄爵,公、侯、伯、子、男,凡五等。"

⑤朕尝三复斯言:我曾经多次思考这些话。三,表多数。

⑥景行:景仰。

⑦庶几广爱形于四海:不久广敬博爱的风气就在四海之内形成了。

⑧嗟乎:哎。叹词。

⑨夫子没而微言绝,异端起而大义乖:孔子去世后精辟的语言就消失了,异端邪说兴起,而正气遭到了歪曲。微言,精辟的语言。大义,正气。乖,歪曲。

⑩泯绝：消失，灭绝。指秦始皇焚书坑儒。

⑪煨烬：灰烬，燃烧后的残余。

⑫滥觞：指事物的起源。

⑬学开五传：指为《春秋》作注的《左传》《公羊传》《穀梁传》《邹氏传》《夹氏传》。

⑭去：离。

⑮源流益别：指随着多人作注，对孔子的原著越难理解。


## 【译文】

　　《孝经》中说："过去明君以孝道治理天下，还不敢对小国派来的使臣有失礼之举，更何况是对公、侯、伯、子、男这样的诸侯呢？"我曾反复思考这些话，感觉古代的贤人确实品行高尚。虽然没有用德政来教化百姓，但不需多久，广敬博爱的风气就遍及四海了。

　　唉！随着孔子去世，那些精辟的语言渐渐消失了，异端邪说兴起，而正气遭到了歪曲。况且他的经典著作在秦始皇焚书坑儒时几乎被烧光，经此浩劫有幸存留下来的已是微乎其微。为孔子著作作注解的风气兴起于汉代，但得以流传的注解只有质量较好的几部。因此，《春秋》注解传下来的就只有《左传》《公羊传》《穀梁传》《邹氏传》《夹氏传》五种，《诗经》注解得以传播的就只有鲁、韩、齐、毛四家。距离孔子的时代越久远，对孔子原著理解的难度就越大。


　　　　结缮近观《孝经》旧注①，蹄驳尤甚②。至于
　　迹相祖述③，殆且百家④，业擅专门，犹将十室⑤。
　　希升堂者⑥，必自开户牖⑦。攀逸驾者，必骋殊
　　轨辙⑧。是以道隐小成，言隐浮伪⑨。且传以通

经为义⑩，义以必当为主⑪。至当归一，精义无二，安得不翦其繁芜⑫，而撮其枢要也⑬？

## 【注释】

①结㲋：谨慎，小心。

②蹖驳：杂乱无章。

③祖述：效法前人的行为或学说。

④殆且：大约将近。

⑤十室：十家。

⑥升堂：登上学问殿堂。

⑦户牖(yǒu)：门窗。此处引申为学术流派。

⑧轨辙：车的辙迹。

⑨道隐小成，言隐浮伪：大道理和精辟的语言不见了，代之以细枝末节的东西和浮华虚伪的言论。

⑩义：目的。

⑪必当：保证正确。

⑫翦：斩断，剪断。

⑬撮：提炼。

## 【译文】

　　近来我认真研究了《孝经》的旧注，发现它们尤其杂乱无章，错误百出。至于那些似是而非的注解，大概将近百家，专门研究孔子的机构也不少。那些希望登上学问殿堂的人，必定要自立门派。而这些人急于求成就如同驾着车子乱跑，一定是跑得越快，而离目的地越远。所以，将大道理变成细微末节的东西，言论遮遮掩掩，尽是一些浮华之词。注释要以通晓经义为主要目的,通晓经义要以理解正确为首要。对经义的正确理解应该是一致的,精妙的经义是不会得出不同的结论的,怎能不剪除那些杂乱的错误,而提炼出其中的精华呢?

　　韦昭、王肃先儒之领袖①,虞翻、刘邵抑又次焉②。刘炫明安国之本③,陆澄讥康成之注④。在理或当,何必求人⑤?今故特举六家之异同,会五经之旨趣⑥。约文敷畅⑦,义则昭然。分注错经⑧,理亦条贯。写之琬琰⑨,庶有补于将来⑩。且夫子谈经志⑪,取垂训⑫。虽五孝之用则别,而百行之源不殊。是以一章之中,凡有数句;一句之内,意有兼明⑬。具载则文繁⑭,略之又义阙⑮。今存于疏⑯,用广发挥⑰。

**【注释】**

①韦昭:三国吴经学家,著有《春秋外传国语》等书。王肃:三国魏经学家。遍注群经,不分今文、古文,对各家经义加以综合。

②虞翻:三国吴经学家,曾为《老子》《论语》《国语》作训注。刘邵:三国魏哲学家,著有《人物志》《法论》等书。

③刘炫:隋经学家。他提出《春秋》规过之论,对后世影响较大。

④陆澄:南齐经学家。康成:即郑玄,字康成,东汉经学家,遍注群经,成为汉代经学的集大成者,称郑学。

⑤求:责求,要求。

⑥会:总结。

⑦约文敷畅:文字该简约则简约,该铺陈则铺陈。约,简洁。敷,铺陈。

⑧分注错经:注释时将经文和注释错开。

⑨琬琰:玉石。

⑩庶:或许。

⑪志:目的。

⑫垂训:教训、教育。

⑬意有兼明:意思有相同的地方。

⑭具载:全部记载。具,都。

⑮阙:缺少。

⑯疏:注疏。

⑰发挥:有所创见。

## 【译文】

　　韦昭、王肃是前代儒家学者的榜样,虞翻、刘邵仅次于以上两位。刘炫对《孝经》的注释反映了孔安国的原意,而陆澄却随意讥讽郑康成的注解。对经义的理解合情合理并且准确就行,何必以己之见责备于人? 现在我特意列举韦昭、王肃、虞翻、刘邵、刘炫和陆澄这六家注释的异同,总结出对五经注解的要点。能简略的就简略,该发挥的就发挥,这样经义就能清楚明了。在注释时要将经文和注释分开,这样就能做到条理清楚,内容连贯。把它刻在玉石上,也许会对后人有所补益。而且孔子著《孝经》的目的,是为了教诲后人。虽然天子、诸侯、卿大夫、士、庶民的孝道各有不同,而所有品行形成的根源却没有什么区别。这样在一章之中,有的有很多句;一句之内,也有意思相同的地方。全部记载下来就显得文意繁复,省略掉又担心经义会不完整。现在保存在注疏之中,以便广泛地阐述经义。

# 开宗明义章第一①

仲尼居②，曾子侍③。子曰④："先王有至德要道⑤，以顺天下⑥，民用和睦⑦，上下无怨⑧。汝知之乎⑨？"曾子避席曰⑩："参不敏⑪，何足以知之？"

子曰："夫孝，德之本也⑫，教之所由生也⑬。复坐⑭，吾语汝⑮！身体发肤，受之父母⑯，不敢毁伤，孝之始也。立身行道⑰，扬名于后世⑱，以显父母⑲，孝之终也。夫孝，始于事亲，中于事君，终于立身⑳。《大雅》云㉑：'无念尔祖，聿修厥德㉒。'"

【题解】

本篇是《孝经》的纲领。所谓"孝"，原本指敬侍、善待父母。孔子把它说成是上古贤明君主施行统治的最高伦理基础，即"至德要道"，则是因为孝亲能够发展为忠君，所谓"始于事亲，中于事君，终于立身"。所以，一个"孝"字便是在封建社会中维系小到家庭内部、大到整个社会的人际关系的主要道德纽带之一。就人的个体而言，孝又是十分世俗和功利的，所谓"立身行道，扬名于后世，以显父母，孝之终也"。

【注释】

①开宗明义：阐述全文的中心思想。开，是开张，揭示；宗，是根本，宗

旨;明,是明显;义,是义理。

②仲尼:即孔子,字仲尼。居:闲居,无事闲坐在室。

③曾子:即曾参,春秋时期鲁国人,孔子的著名弟子,相传他很讲孝道。
  侍:地位低的人在地位高的人身侧陪坐。

④子曰:孔子说。

⑤先王:先代圣贤君王,这里指尧、舜、禹、汤、文、武王等历史上著名的
  贤君圣王。至德要道:最高的道德信条、重要的学说理论。

⑥顺:顺从,使动用法,使天下人心顺服。

⑦民用和睦:民,黎民百姓。用,因此。和睦,协调,融洽相亲。

⑧怨:怨恨。

⑨汝知之乎:你知道这些道理吗?汝,第二人称代词,你。之,代指上
  文四句话。乎,语气词,用在句末表示疑问或反问。

⑩避席:起身离开座位,站起来以示恭敬。

⑪敏:聪明,有智慧。

⑫夫孝,德之本也:孝道是一切德行的根本。夫,发语词。本,根本。

⑬教之所由生也:所有教化都是从孝道产生出来的。

⑭复坐:重新坐下。

⑮吾语汝:我告诉你。语,告诉。

⑯受之父母:即受之于父母。之,代指身体发肤。

⑰立身行道:自立修身,自强奋斗,修养品德,实践道德思想。立身,独
  立己身。行道,践行儒家的真理道义。

⑱扬名:显扬名声。

⑲以显父母:用以显扬父母的声名。显,荣耀。

⑳夫孝,始于事亲,中于事君,终于立身:行孝,始于侍奉父母,进而为
  国为君尽忠,最后实现自己的志向。

㉑《大雅》：指《诗经》中的《大雅》文王篇。《诗经》分为《风》《雅》《颂》，其中《雅》又分为《大雅》《小雅》。

㉒"无念尔祖"二句：牢记祖德永勿忘，继承祖德发荣光。无，无时无刻。尔祖，你的祖先。聿，语助词。厥，代词，他。

## 【译文】

孔子闲居时，他的学生曾参侍奉在侧。孔子说："古代的圣贤帝王具有一种极好的品行和道德，并用它来治理天下，民众因而和睦相处，尊者卑者都没有怨恨、不满。你知道那种极好的品行道德是什么吗？"曾参连忙起身离开自己的座位，回答说："学生我生性愚笨，怎么会明白这样深刻的道理呢？"

孔子说："那就是孝啊！孝是一切道德的根本，一切教化都是由它而产生出来的。你先回到自己座位上去，我告诉你！一个人的身体、四肢、毛发、皮肤，都是从父母那儿得来的，应该特别地加以爱护，使它们不要受到毁坏伤害，这是孝的起码要求。一个人建立起自己的功业，并遵循天道，从而扬名于后世，并使父母荣耀显赫，这是孝的最终目标。所谓孝，起点是侍奉父母，然后效力君王，最终建立功勋，成就事业。《诗经·大雅·文王》里面说：'任何时候都要想着你的先祖，遵循他的德行，去修行你的功德。'"

# 天子章第二①

　　子曰：爱亲者②，不敢恶于人③；敬亲者④，不敢慢于人⑤。爱敬尽于事亲⑥，而德教加于百姓⑦，刑于四海⑧。盖天子之孝也⑨。《甫刑》云⑩："一人有庆，兆民赖之⑪。"

**【题解】**

　　本篇讲的是天子之孝，大致有两层意思。第一层谈的是一般的伦理关系："爱亲者，不敢恶于人；敬亲者，不敢慢于人"，是说凡能爱敬父母的人，便不会恶待或者傲视他人。第二层则推广到政治范畴，认为如果能把"爱敬尽于事亲"扩而充之，将"德教加于百姓，刑于四海"，就是"天子之孝"。

**【注释】**

①天子：指帝王、君主。

②亲:亲人,指父母。

③恶:恶待,憎恨。人:别人。

④敬:尊敬。

⑤慢:怠慢,傲视。

⑥尽:尽力而为,尽心竭力。

⑦德教加于百姓:德教施于万民。德教,以道德教化。加,施予。

⑧刑:通"型",作榜样,树典型。四海,四夷。《尔雅》:"九夷、八狄、七戎、六蛮谓之四海。"

⑨盖:这是。

⑩《甫刑》:又名《吕刑》,尚书篇名。

⑪"一人有庆"二句:天子有懿德美行,那么天下的万民百姓就会有所依靠。一人,指天子。庆,善。兆民,万民,指天下之百姓。兆,指数目极多。赖,依赖,依靠。

## 【译文】

孔子说:天子作为敬爱自己父母的人,便不会恶待他人的父母;作为尊敬自己父母的人,也就不会怠慢他人的父母。把挚爱尊敬之心尽力奉献给父母,再把这样的道德教化施予百姓,为天下人树立典范。这就是天子的孝道啊!《尚书·甫刑》里说:"天子有懿德美行,那么天下的万民百姓就会有所依靠。"

# 诸侯章第三①

在上不骄②,高而不危③;制节谨度④,满而不溢⑤。高而不危,所以长守贵也⑥;满而不溢,所以长守富也。富贵不离其身,然后能保其社稷⑦,而和其民人⑧。盖诸侯之孝也。《诗》云:"战战兢兢,如临深渊,如履薄冰⑨。"

**【题解】**

本篇承上一篇"天子"递降而言及诸侯,即天子所分封的诸侯国的国君。这一章从字面上看没讲到孝,但古人说:"诸侯行孝曰'度'。言奉天子之法度,得不危溢,是荣其先祖也。"所以说到底,还是一要忠君,即上一篇说的,"夫孝……中于事君";二要立身成名,光宗耀祖,也就是上一篇说的,"立身行道,扬名于后事,以显父母,孝之终也"。

**【注释】**

①诸侯:指由天子分封的国君。

②骄:骄矜。

③高:地位高贵。危:凶险,不安稳。

④制节:节俭,不奢侈。谨度:小心遵守礼法规矩。

⑤满:比喻财富充裕。溢:比喻奢华靡费没有限度。

⑥守:保持。

⑦社稷:即土地神和谷神,代指国家。社,土神。稷,谷神。

⑧和:使……和睦。民人:百姓。

⑨"战战兢兢"三句:忧惧小心,如同面对深渊,如同足踏薄冰。战战,恐惧的样子。兢兢,小心谨慎的样子。临,面对。履,踩,踏。

## 【译文】

　　身居众人之上而不骄傲,那么职位再高也不会有倾覆的危险;能够勤俭节约,并遵守礼法,即使再富裕也不会奢侈滥用。身居尊位而无危险,这正是使这尊位世代相传的条件;府库富足又不奢靡浪费,这正是让这财富永不耗竭的保障。只有首先做到富贵长久集于一身,才可以守住国家大业,从而使臣民和乐地生活。这就是诸侯的孝了。《诗经》上说:"忧惧小心,如同面对深渊,如同足踏薄冰。"

# 卿大夫章第四①

非先王之法服②，不敢服③；非先王之法言④，不敢道；非先王之德行⑤，不敢行⑥。是故非法不言，非道不行；口无择言，身无择行；言满天下⑦，无口过⑧；行满天下，无怨恶⑨。三者备矣，然后能守其宗庙⑩。盖卿大夫之孝也。《诗》云："夙夜匪懈，以事一人⑪。"

## 【题解】

本篇讲卿大夫的孝。卿大夫地位低于诸侯，无国可治，因此他们的孝有别于天子、诸侯，按古人的说法："卿大夫行孝曰'誉'。盖以声誉为义，谓言行布满天下，能无怨恶，遐迩称誉，是荣亲也。"总而言之，卿大夫的孝就是：以绝对服从所谓先王之道而博得美誉，扬名显亲。

## 【注释】

①卿大夫：指地位仅次于诸侯的高级官员。《正义》："次诸侯之贵者即卿大夫焉。"

②先王：先代圣贤君王，尤指尧、舜、禹、汤、周文王、周武王等儒家学说中的贤明君主。法服：先王定为成法的标志不同身份、地位的服饰，也引申为礼法。

③服：穿戴。

④法言：合乎礼法规范的言论。

⑤德行：合乎道德的行为。

⑥行：做。

⑦满：布满，传遍。

⑧口过：言论不当造成的过失。

⑨怨恶：招人怨恨憎恶。

⑩宗庙：家庙，供奉和祭祀祖先灵位的地方。《孝经注疏》："天子至士皆有宗宙。"又云："宗，尊也；庙，貌也；言祭宗庙见先祖之尊貌也。"

⑪"夙夜匪懈"二句：日日夜夜不敢懈怠，尽心尽力侍奉君王。夙夜，早晚，朝夕，这里指一直，永远。匪，非，不。一人，指天子。

## 【译文】

　　不合乎前代贤明君王规定的服饰，就不敢去穿戴；不合乎前代贤明君王规定的言语，就不敢去说；不合乎前代贤明君王规定的道德行为，就不敢去做。总之，不讲不符合礼法的话，不做不符合道德的事；口中除礼法嘉言外别无可言，自身除道德懿行外别无可行；言语传播天下，而没有谬误失察之处；行为尽人皆知，而没有招致怨恨憎恶之处。具备了这三点，才能保证家庙的祭祀香火得以延续。这就是卿大夫的孝了。《诗经》上说："日日夜夜不敢懈怠，尽心尽力侍奉君王。"

# 士章第五①

资于事父以事母，而爱同②；资于事父以事君，而敬同③。故母取其爱④，而君取其敬，兼之者父也⑤。故以孝事君则忠⑥，以敬事长则顺。忠顺不失⑦，以事其上，然后能保其禄位⑧，而守其祭祀⑨。盖士之孝也。《诗》云："夙兴夜寐，无忝尔所生⑩。"

【题解】

本篇讲士的孝。士的孝，体现在忠君、爱亲方面，和卿大夫的孝没有本质差别，只是由于社会地位更低一些，所以在孝的内容方面，义务更多一些，权利更少一些；考虑他人更多一些，考虑自我更少一些。

**【注释】**

①士：官名。古时诸侯设置上士、中士、下士之官，其位次于卿大夫。

②资：拿，用。事：侍奉。爱同：指对父、母双方的亲情之爱相同。

③敬同：指对父、母双方的尊敬之情相同。

④取：得到。

⑤之：代指爱、敬二者。

⑥忠：忠贞。

⑦顺：恭顺，顺从。失：短缺，过失。

⑧禄：官吏的薪俸。

⑨祭祀：指士对自己祖先的祭祀。

⑩"夙兴夜寐"二句：要起早贪黑地去做事，不要辜负了生你养你的父亲和母亲。夙兴，指早起。夜寐，晚睡。无，不要。忝，羞辱。尔所生，生你的人，即生身父母。

**【译文】**

　　用侍奉父亲的方式侍奉母亲，对待双亲的爱心是相同的；用侍奉父亲的方式去效命君王，对待君、父的恭敬也是相同的。所以，母亲得到儿子的爱心，君王得到臣下的恭敬，父亲则二者兼而得之。所以，用孝心来效命君王便会忠贞，用恭敬去侍奉长辈便会顺从。忠贞恭敬不出缺误，来效命他的君王，才能保全他的俸禄官位，延续他家宗庙的香火。这就是士人的孝道。《诗经》上说："要起早贪黑地去做事，不要辜负了生你养你的父亲和母亲。"

# 庶人章第六①

用天之道②，分地之利③。谨身节用④，以养父母⑤。此庶人之孝也。

故自天子至于庶人，孝无终始⑤，而患不及者⑥，未之有也⑦。

【题解】

本篇论述的是庶人的孝。庶人，即众人，也就是平民。庶人所要遵守的孝道，就是"用天之道，分地之利，谨身节用，以养父母"。也就是古人说的："庶人行孝曰'畜'，以畜养为义。言能躬耕力农，以畜其德，以养其亲也。"

以上从"天子章"至此,实际上是对社会五个阶层做出的有关孝道权利和义务的规定。

## 【注释】

①庶人:指天下黎民百姓。

②用:顺应,利用。天之道:自然规律,如春种、秋收等。

③分:区别,辨察。地之利:农田土地的适应特性和便利条件等。

④谨身:处世谨慎。节用:节俭费用。

⑤孝:行孝。无:不分。终:指庶人;始:指天子。二者从上句"故自天子至于庶人"而来。

⑥患不及者:担心自己不能尽孝的事情。

⑦未之有:没有这种事。之,代指"患不及者"。

## 【译文】

顺应自然规律,辨察田地特性,据此来耕种粮食作物。行为谨慎,节俭适度,以此来供奉父母双亲。这便是平民百姓的孝道了。

所以说,上自天子,下至平民,孝道是永恒存在的,不分什么尊卑高下与彼时此刻的。如果有人担心说自己来不及尽孝,那是根本不可能的事情!

# 三才章第七①

曾子曰："甚哉②！孝之大也③。"

子曰："夫孝，天之经也④，地之义也⑤，民之行也⑥。天地之经，而民是则之⑦。则天之明⑧，因地之利⑨，以顺天下⑩，是以其教不肃而成⑪，其政不严而治⑫。先王见教之可以化民也⑬，是故先之以博爱⑭，而民莫遗其亲⑮。陈之以德义⑯，而民兴行⑰。先之以敬让⑱，而民不争。导之以礼乐⑲，而民和睦。示之以好恶⑳，而民知禁㉑。《诗》云：'赫赫师尹，民具尔瞻㉒。'"

【题解】

本篇阐述孝的意义，即其"天经地义"的正确性及其巨大的教化作用。从一定程度上看，本篇可以说是对《天子章》内容的具体阐明与扩展。古人解释这段话说："夫子因其（指曾参）叹美，乃为说天经地义人行之事，可教化于人，故以名章，次五孝之后。"

【注释】

①三才：指天、地、人。

②甚哉：对"孝之大"的赞叹语。甚，很，非常。哉，语气词，表示感叹。

③大：伟大，博大。

④经：常规，永恒规律。

⑤义:对世道有益的正理,不变的道义。

⑥行:行为准则。

⑦民是则之:百姓以孝为准则。是,加强语气的助词。则,以……为准则。之,借指孝。

⑧则天之明:取法上天的光明。

⑨因地之利:凭依大地的恩惠。

⑩顺:使……和顺。

⑪是以:因此。肃:严厉。成:完美地推行。

⑫严:严刑厉法。

⑬化:使变善,使变好。

⑭先:以……为先。

⑮遗:弃置不管,不予赡养。

⑯陈:施行,宣扬。德义:伦理亲情方面的道理。

⑰兴:感悟之后奋身而起。行:履行,实践。

⑱先:以……为先。

⑲导:循循善诱,因势利导。礼乐:都是儒家制订的从外部规范人们行

为方式,使之符合当时社会等级制度的手段方法。

⑳示:讲解、指明。好:美好的。恶:丑,丑恶。

㉑禁:道德禁忌,法令禁条。

㉒"赫赫师尹"二句:威严而显赫的太师尹氏啊!人们都在仰望、效法着你!赫赫,显赫,有威仪。师,太师,周代辅助国君管理军政要事的最高官员。尹,尹氏,周朝人,官太师。具,通"俱",都。尔瞻,即瞻尔,注视你。

## 【译文】

曾子听完孔子的话,深深地感叹道:"孝道实在是太伟大了!"

孔子说:"孝道,是上天永恒的法则,是大地不变的道义,是世人不变的行为标准。孝道是天地的常理,民众百姓于是取法它来作为自身的准则。取法上天的日月光明,借用大地的恩惠,来治理万民,所以那教化并不严厉却施行得尽善尽美,那政令并不苛刻却将国家治理得井井有条。先前的圣贤明君正是领悟到了通过教育便可以感化民众,所以一切都是亲自带头,以身作则,并把对民众的博爱放在最重要的位置。在这样的感化下,民众没有一个会遗弃自己的父母亲了。然后再徐徐向他们讲述道德、礼义,让他们懂得并主动地去按道德、礼义行事。这些先贤们还亲自带头,尊敬别人,在他人面前表现出谦让之态,于是,民众也不再产生争斗之举了。先圣们还制定了礼仪之度与和谐音乐,用之引导、教化民众,这样,人们就学会了和睦相处。其实,只要你向人们引导和宣传什么是好的,什么是丑的,人们是能够区别开来的,并且也就不再去违犯禁令和法规了。《诗经》上说:'威严而显赫的太师尹氏啊!人们都在仰望、效法着你!'"

# 孝治章第八①

子曰："昔者明王之以孝治天下也②，不敢遗小国之臣③，而况于公、侯、伯、子、男乎④？故得万国之欢心⑤，以事其先王⑥。治国者⑦，不敢侮于鳏寡⑧，而况于士民乎⑨？故得百姓之欢心，以事其先君⑩。治家者⑪，不敢失于臣妾⑫，而况于妻子乎⑬？故得人之欢心，以事其亲⑭。夫然⑮，故生则亲安之⑯，祭则鬼享之⑰。是以天下和平，灾害不生⑱，祸乱不作⑲。故明王之以孝治天下也如此。《诗》云：'有觉德行，四国顺之⑳。'"

## 【题解】

本篇的中心是以孝治天下，这是中国古代帝王统治思想的重要组成部分。作者认为，把天子以孝治天下的做法推而广之，至于诸侯，至于卿大夫，便能赢得上上下下各种人的欢心，则"灾害不生，祸乱不作"，寰宇之内，长治久安。

## 【注释】

①孝治：以孝治理天下。

②明王：即前代的贤明君王。

③遗：遗漏，忽略，不重视。

④公、侯、伯、子、男：古代社会中贵族爵位的五个等级。

⑤万国:指天子属下的各个诸侯国。万,形容多。欢心:爱护、拥护之心。

⑥事其先王:指参与祭祀天子死去的列祖列宗,表示对天子的拥戴。

⑦治国者:指天子所分封的诸侯。

⑧鳏寡:孤苦无依的人。鳏,无妻或丧妻的孤身男子。寡,丧夫的妇女。

⑨士民:指士绅和平民。

⑩先君:指诸侯国国君死去的列祖列宗。

⑪治家者:指受禄养亲的卿大夫。

⑫失:失礼,无礼。臣妾:奴婢。

⑬妻子:妻子和儿女。

⑭事其亲:指帮助奉养卿大夫的父母。

⑮然:如此,指尽孝道。

⑯生则亲安之:双亲健在则安享尊荣。生,生存,指卿大夫的父母健在。安,安享。之,代指卿大夫的尽孝奉养。

⑰祭则鬼享之:去世则魂灵永享祭祀。鬼,指卿大夫的父母死后的魂魄。之,代指祭祀。

⑱生:发生。

⑲作:兴起。

⑳"有觉德行"二句:天子德高行洁,四方万民归心。觉,高尚,正直。顺,心悦诚服。

【译文】

孔子说:"从前贤明圣君用孝道去治理天下,就连对小国家的臣属都不会疏忽、怠慢,何况对公、侯、伯、子、男这样一些诸侯大臣呢?所以能获得各路诸侯国的欢心,使他们能按礼前来参加天子祭祀列祖列宗的仪式典礼。诸侯国的国君,对鳏夫和寡妇都不敢轻侮,何况对那些知书达理的人呢？所以能获得民众的欢心，并能使民众前来参加国君祭祀列祖列宗的仪式。治理一个采邑封地的大夫，即使对家中奴婢都不敢无礼，更何况对自己的妻子、儿女呢？所以能获得他们的欢心，并能使他们同心协力奉养双亲。因为这样，所以父母在生前就能安乐、祥和地生活，去世以后其灵魂也能得到后代亲人的祭奠。正因为这样，天下就变得和平安详，也不会产生风雨不调、季节不顺的自然灾害，甚至也不会出现动乱、反叛之类的人为祸患。所谓贤明之君以孝治理天下就是如此了。《诗经》上说：'天子德高行洁，四方万民归心。'"

# 圣治章第九①

曾子曰:"敢问圣人之德②,无以加于孝乎③?"

子曰:"天地之性④,人为贵⑤。人之行,莫大于孝。孝莫大于严父⑥,严父莫大于配天⑦,则周公其人也⑧。昔者周公郊祀后稷⑨,以配天⑩;宗祀文王于明堂⑪,以配上帝。是以四海之内⑫,各以其职来祭⑬。夫圣人之德,又何以加于孝乎⑭?故亲生之膝下⑮,以养父母日严⑯。圣人因严以教敬⑰,因亲以教爱。圣人之教,不肃而成,其政不严而治,其所因者本也⑱。父子之道⑲,天性也,君臣之义也⑳。父母生之㉑,续莫大焉㉒;君亲临之㉓,厚莫重焉。

"故不爱其亲而爱他人者,谓之悖德㉔;不敬其亲而敬他人者,谓之悖礼。以顺则逆㉕,民无则焉㉖。不在于善㉗,而皆在于凶德㉘,虽得之㉙,君子不贵也㉚。

"君子则不然,言思可道㉛,行思可乐㉜,德义可尊㉝,作事可法㉞,容止可观㉟,进退可度㊱,以临其民㊲。是以其民畏而爱之,则而象之㊳,故能成其德教㊴,而行其政令。《诗》云:'淑人君子,其仪不忒㊵。'"

## 【题解】

本篇以儒家的圣人周公为例,着重论述尽孝与治国的密切关系,也给上一篇里"明王以孝治天下"的观点作了注解。文中处处以父子之道、父母之恩比拟君臣,给君臣关系罩上了一层类似血缘关系的圣光。

## 【注释】

①圣治:圣人治国的方法。

②敢:大胆地,冒昧地。表示谦敬的词。

③加:超过,更重要。

④性:产生的事物。

⑤贵:尊贵。

⑥严:尊敬。

⑦配天:古代人祭天时以祖宗陪从受祭,这里指代父亲,表示对父亲的极大崇敬。配,配享,祭祀时兼祀他神以配其所祭。

⑧周公:西周初年政治家。周文王子,武王弟,曾助武王灭商。

⑨郊祀:古代天子在国都郊外祭祀天地。后稷:周朝的始祖。传说当尧之时,其母姜嫄,践踏了巨人之足迹而有妊娠,生子以为不吉祥,弃之隘巷,牛马不践踏他;取置冰上,飞鸟用翅膀护着他;于是又将他抱回来,取名为弃。等他长大成人后,尧派他居稷官,封于邰,号后稷。子孙历代任其官,十五传而至周武王,遂有天下。

⑩以:用来。

⑪宗祀:在宗庙中祭祀。明堂:本为古代帝王宣教布政的地方,但在上古时,明堂、太庙、大学等通为一体。

⑫四海之内:指远近诸侯。

⑬各以其职:指按各自等级进贡。

⑭何以:以何,凭什么。

⑮亲:敬爱父母的亲情。生:萌生。膝下:指孩提状态。

⑯以:随着。日:日见,逐渐。

⑰因:凭借。

⑱本:根本,指孝。

⑲道:关系,情分。

⑳君臣之义:指儿子对父亲的高度尊敬有如臣子对君王一样。

㉑生之:生育后代。

㉒续:传宗接代。焉:代词,这。

㉓临:贵对贱、长对下为临。

㉔悖:违逆。

㉕顺:指君王本应实行教化,使人心顺从向善。逆:指君王实际上反其道而行之,不施善政,不行教化。

㉖则:指行动准则。

㉗在于:怀有。

㉘凶:丑恶的。

㉙得之:一时得逞,居人之上。

㉚贵:认为……可贵。

㉛可道:可以讲。

㉜乐:使……愉悦。

㉝尊:令人起敬。

㉞法:取法。

㉟容止:仪容仪表。可观:可以接受,入眼。

㊱可度:合乎礼法规范。

㊲临：统治。

㊳则：取法。象：模仿，效法。

㊴成：成功推行。

㊵"淑人君子"二句：善人君子，最讲礼貌，他的容貌举止，一丝也不差。淑人，善良的人、好人，与君子一起，同指贤明的执政者。仪，道义的持守。忒，犹疑不定。

**【译文】**

    曾子说："老师，请您允许我冒昧地再提一个问题，难道圣人就没有比孝道更为重要的其他德行了吗？"

    孔子说："在宇宙天地万物之中，唯有人类最为尊贵。而人的品行之中，没有比孝道更为重要的了。而在孝道之中，没有比尊敬父亲更为重要的了。而尊敬父亲又没有比让他陪上天一起受祭更重要的了。周公就是这样的人。据说，从前周公在郊野祭祀天帝时，让周代的始祖后稷陪从上天一起受祀；又在宗族祭祀中，把父亲的灵位安放在明堂中上帝的边上一块祭祀。因此，当时所有的诸侯国都依法仿效，按等级献贡参祭，协助周公对文王的祭祀。圣贤明君之德，又还有哪一种比孝道之举更为重要的呢？所以说，子女对父

母的爱敬之心，自年幼绕膝之时便产生了，等到日渐长大成人，爱敬父母之心也随之增加，慢慢地就懂得了对父母的尊敬。圣贤明君就是根据这种子女对父亲所固有的爱敬天性，从而引导他们应该孝敬自己的父母亲。其实圣贤明君治理国家的方法，不需要什么严厉的手段就可以收到很好的效果。之所以他们的管理手段并不严厉却能把国家治理得很好，是因为他们因循了孝道这一根本天性而已！父子的伦理情义乃是天生固有的，正像君臣关系一样。父母生儿育子，传宗接代，人伦中没有比此更为重要的了；父亲对于儿子，正如君王对于臣子，那种恩德天高地厚，无以复加。

所以说，不爱自己的亲人而去爱别人，这种人的行为可以称之为违背天良；同理，做儿子的不去爱自己的父母而只去爱别的什么人，也就可斥之为违背礼法。君王本应教化世人尽孝，使人心顺从向善；如果他反其道而行之，民众就会失去行为准则。如果人们不怀善心，就会怀有恶德。如果这样，即使暂时得到什么，贤明君主也不会推崇。

真正道德高尚的人就不是这样的。他们的所思所说，都考虑到要为别人所奉行。他们的所作所为，都考虑到要能为他人带来快乐。他们的道德、品行都十分让人尊敬，他们所做的一切，都可以为大众效法。即使是外貌的装饰、形象的安排都无可挑剔。就连他们的一进一退，一举一动，都无不自具法度。诸如此类，不胜枚举，总之，从思想到行动，甚至效果，圣明贤士之所作所为，都足以让他人效法。正是他们用这样的原则去治理国家，统治百姓，所以民众既敬畏他们，又爱戴他们，并且还从各方面加以效法、模仿。所以他们能成功地推动道德教化，施行政策法令。正如《诗经》所说：'善人君子，最讲礼貌，他的容貌举止，一丝也不差。'"

# 纪孝行章第十

子曰："孝子之事亲也，居则致其敬①，养则致其乐②，病则致其忧③，丧则致其哀④，祭则致其严⑤。五者备矣，然后能事亲。事亲者，居上不骄⑥，为下不乱⑦，在丑不争⑧。居上而骄则亡，为下而乱则刑⑨，在丑而争则兵⑩。三者不除，虽日用三牲之养⑪，犹为不孝也。"

【题解】

本篇阐述孝行五方面的内容及三种要求。在论述三种要求时采取正、反论证方法，指出如果达不到这三种要求，"虽日用三牲之养，犹为不孝也"。

【注释】

①居：日常的家庭生活。致：尽心尽力做到。

②乐：和颜悦色。孝子要用最愉悦的心情去服侍自己的父母。

③忧：忧虑小心，不刻意梳洗打扮。

④丧则致其哀：孝子在父母去世时要用最伤痛的心情来料理丧事。丧，死亡。

⑤祭：指用仪式来对死者表示悼念或敬意。严：严肃恭谨，如斋戒沐浴、守夜不睡等。

⑥居上：身处高位。

⑦不乱：恭谨奉上，合乎礼法。

⑧丑：众人。

⑨刑：遭受刑罚。

⑩兵：遭到兵刃凶器加身。

⑪三牲之养：即用佳餐美味，供养父母。三牲，指牛、羊、猪，为盛宴或最高祭礼的重要组成部分。

## 【译文】

孔子说："一个孝子侍奉他的父母，总是在日常家居中尽量做到对他们尊敬；供奉饮食时，想方设法使他们高兴快乐；而一旦父母有病，又总是那样地担忧、焦虑；假使父母去世，更是哀痛无比；而在祭奠之时总是尽心吊唁，一丝不苟。只有在这五个方面都做得十分完备、周到了，才算是真正对父母有孝心。那些能够很好地孝敬父母的人，即使身居高位也不会表现出骄傲、专横之态；屈为人下，也不会兴风作浪；就是作为一个普普通通的老百姓，也不会与人争斗。假若因身居高位而骄横无道，就必然遭到失败；做人之臣属而不满，好为作乱，就易遭受刑法；作为百姓而喜欢争斗，就会互相残杀。这骄、乱、争三方面的问题不解决，即使每天用美味佳肴如牛、羊、猪肉等供养双亲，也算不上是一个真正有孝心的人。"

# 五刑章第十一①

子曰："五刑之属三千②,而罪莫大于不孝。要君者无上③,非圣者无法④,非孝者无亲⑤。此大乱之道也⑥。"

## 【题解】

本篇论述不孝之罪。首先指出不孝之罪盖过五刑,继而列举不孝的三种表现,即要君、非圣、非孝,最后指出这三者为"大乱之道也"。

## 【注释】

①五刑:古代五种轻重不同的刑罚,即墨(在犯人额上刺字,再染成黑色)、劓(割去犯人的鼻子)、剕(砍断犯人的脚)、宫(毁坏犯人的生殖器官)、大辟(死刑)五刑。

②属:种类。

③要:要挟,胁迫。无:目无,藐视。

④非:非难,诽谤,诋毁。

⑤无亲:没有父母的存在。

⑥道:根源。

## 【译文】

孔子说:"古代有墨、劓、剕、宫、大辟五种刑罚,而可以判处这五种刑罚的罪大约有三千项,在这三千项罪名中,最大的罪责莫过于对父母的不孝敬。胁迫君主的行为，就是目中无主上的表现；责难、反对圣贤明道的行为，就是一种无视法规的做法；不尽孝道的行为，就是鄙弃人伦的表现。这些都是促成大乱的根源所在。"

# 广要道章第十二<sup>①</sup>

子曰："教民亲爱<sup>②</sup>，莫善于孝；教民礼顺<sup>③</sup>，莫善于悌<sup>④</sup>；移风易俗<sup>⑤</sup>，莫善于乐<sup>⑥</sup>；安上治民<sup>⑦</sup>，莫善于礼<sup>⑧</sup>。礼者，敬而已矣<sup>⑨</sup>。故敬其父，则子悦<sup>⑩</sup>；敬其兄，则弟悦；敬其君，则臣悦。敬一人，而千万人悦。所敬者寡<sup>⑪</sup>，而悦者众，此之谓要道也<sup>⑫</sup>。"

**【题解】**

本篇站在君王的立场上，阐述行孝的功用。同时，还建议君王躬亲尽孝，礼敬他人，以便得到天下百姓的欢心和拥护。

**【注释】**

①广要道:广泛宣扬并展开论述孝的重要学说。

②亲爱:和睦。

③顺:顺序,这里指长幼之序。

④悌:敬爱兄弟。

⑤移风易俗:指改变社会风气和习俗。

⑥乐:指音乐。

⑦安上:让君主安心。

⑧礼:礼节。

⑨而已:罢了。

⑩悦:高兴。

⑪寡:少。

⑫要道:关键。

**【译文】**

孔子说:"教育民众要相互亲近、互相友爱,最好的办法没有比倡导孝道更好的了;教育民众讲求礼节,做人谦恭和顺,最好的办法则没有比倡导敬爱兄弟更好的了;改变旧的不良习气、制度,建立新的行为规范,最好的方式莫过于通过音乐的感化;要使国家安稳、天下民众驯服,最好的办法就是按礼教办事。所谓礼法,一言以蔽之不过就是一个'敬'字罢了。尊敬他人的父亲,做儿子的自然而然就会十分高兴;尊敬他人的兄长,做弟弟的自然而然也会十分欣喜;尊敬他人的国君,为大臣的也会心情愉快。总而言之,敬仰一个人,却能使千千万万的人高兴、愉快。虽然受到尊敬的人是少数,但能从中得到快乐的却有许许多多的人,这就是之所以要大力推行孝道的关键所在啊!"

# 广至德章第十三①

子曰:"君子之教以孝也,非家至而日见之也②。教以孝,所以敬天下之为人父者也。教以悌,所以敬天下之为人兄者也。教以臣,所以敬天下之为人君者也。《诗》云:'恺悌君子,民之父母③。'非至德④,其孰能顺民如此其大者乎⑤?"

【题解】

本篇对第一篇所讲的先王"至德"(最高美德)展开论述,旨在阐述宣扬和推广孝道的目的和意义,也就是说,圣人君子教人孝、悌、臣道,乃是为了"子悦""弟悦""臣悦""千万人悦"。

【注释】

①至德:最高美德。

②家至而日见：指不厌其烦进行孝的说教。家至，家家亲自都到。日见，每天都见面。

③"恺悌君子"二句：和乐平易的君子啊，你是人们的父母。恺悌，慈祥和悦，平易近人。

④至德：至高无上的德行。

⑤其：指君子。顺民：适合民心，顺应民意。其：助词，在单音节形容词之前，起加强形容、状态的作用。

**【译文】**

孔子说："君子以孝道去教化民众，并不是挨家挨户并且每日每天当面去说。为了教导民众讲求孝道，所以他尊敬全天下所有的父亲。为教导民众讲求孝悌，所以他尊敬天下所有的兄长。为教导民众臣服归顺，所以他尊敬全天下所有的国君。《诗经》上说：'和乐平易的君子啊，你是人们的父母。'如果自己没有最高尚的品行道德，怎么能使天下的民众如此归顺呢？"

# 广扬名章第十四

子曰："君子之事亲孝[①]，故忠可移于君[②]；事兄悌，故顺可移于长；居家理[③]，故治可移于官[④]。是以行成于内[⑤]，而名立于后世矣。"

【题解】

本篇阐明的道理是"行成于内"可以"名立于后世"。这实际上是对第一章中"立身行道，扬名于后世"内容的展开论述。

【注释】

①事：侍奉。亲：父母。

②移：推移。

③居家理：指善于料理家事。《左传》："先王，理天下。"杜注："理，正也。"

④官：治理，管理。

⑤是以：因此，所以。

【译文】

孔子说："君子侍奉父母能尽孝心，那么他也能把侍奉父母的孝心转为侍奉君主的忠心；侍奉兄长能讲孝悌，那么他也能将孝悌之心转为侍奉长者的恭顺；在家中能处理好家务，那么他也能将治家之理转为治理国家的策略方针。所以说，能够在家中尽孝道、具有美好品德的人必然会树立美名传扬后世。"

# 谏诤章第十五①

曾子曰："若夫慈爱、恭敬、安亲、扬名②，则闻命矣③。敢问子从父之令④，可谓孝乎？"

子曰："是何言与⑤！是何言与！昔者，天子有诤臣七人⑥，虽无道⑦，不失其天下；诸侯有诤臣五人，虽无道，不失其国；大夫有诤臣三人，虽无道，不失其家；士有诤友⑧，则身不离于令名⑨；父有诤子，则身不陷于不义。故当不义⑩，则子不可以不诤于父，臣不可以不诤于君。故当不义，则诤之。从父之令，又焉得为孝乎？"

## 【题解】

本篇阐述孝道中服从与谏诤的辩证关系。文章指出，上自天子，下至庶民，都曾因有了诤臣、诤友、诤子，而免于亡国、丧家、身陷不义。所以于君于父，究竟是谏诤还是服从，要看当时他们所做的事是"义"还是"不义"。本篇是《孝经》里积极意义比较显著的部分。

## 【注释】

①谏：规劝君王、尊长、朋友，使之改正错误。诤：以直言相劝。

②若夫：连词，表示他转或提起，此处可译为"像那些"。

③闻命：谦词，意思是说对师长的教导已经领会了。

④从父之令：听从父母的命令或指示。

⑤是何言与:这是什么话! 是,代词。与,语气词。

⑥诤臣:敢于直言劝谏、批评君王过错的大臣。七人:此处并非实数。郑注:"七人者,谓太师、太保、太傅、左辅、右弼、前疑、后丞。考此七字,非专指七人,而不得增减也。"

⑦无道:没有仁政。

⑧诤友:能直言规劝的朋友。

⑨令名:美好的名声。

⑩当:面对。

## 【译文】

曾子说:"说到对父母的衷爱和恭敬,让他们得到安养,以及流芳后世为他们争光,前面已听您讲述清楚了。下面我还想冒昧地问一个有关的问题:做儿子的顺从父亲的旨意,称得上是讲孝道吗?"

孔子说:"这是讲的什么话! 这是讲的什么话! 从过去的经验看,做天子的倘有七位敢直言劝谏之臣,即使这位天子是一位无道之君,也不至于失掉天下江山;诸侯王君倘有五位敢直言劝谏之臣,尽管这位诸侯王君是无道之辈,他也不会失掉自己的封地属国;卿大夫倘有三位忠言逆耳之臣,即使他行无道之事也不至于丢失家业;普通的士人倘有一些直言相劝的朋友,他也不会使自己美好的名声受到损害;父亲倘有直言相劝的儿子,他也就不致陷于不义之中。所以说,当父、君有不义之举时,作儿子的不可以不向父亲直言相劝,当臣子的不可以不直言进谏。所以每逢父亲出现不义之举,儿子就应当直言劝止。如果在这当口还一味地听从父亲的旨意,又哪里称得上是真正的行孝呢?"

# 感应章第十六①

子曰："昔者,明王事父孝,故事天明②;事母孝,故事地察③;长幼顺④,故上下治。天地明察,神明彰矣⑤。故虽天子,必有尊也⑥,言有父也⑦;必有先也⑧,言有兄也。宗庙致敬⑨,不忘亲也⑩。修身慎行,恐辱先也⑪。宗庙致敬,鬼神著矣⑫。孝悌之至⑬,通于神明⑭,光于四海⑮,无所不通。《诗》云:'自西自东,自南自北,无思不服⑯。'"

## 【题解】

本篇论述古代贤明帝王的孝行感动天地,通于鬼神,令天下皆知,最终又反过来使天下人人归心,忠心臣服于他们。

## 【注释】

①感应:古人认为人间的真诚行为能使神灵作出相应的反应。

②事天明:能顺应天意,通于天。事,服事,侍奉。

③事地察:能探知大地的意志,通于地。

④长幼顺:长辈和晚辈的关系合乎礼法,和睦融洽。

⑤神明彰:指天地众神降福保佑。神明,宗教迷信中认为的一种超自然的具有人格和意志的力量。彰,表扬、赞许的意思。

⑥有尊:有他所尊敬的人。

⑦言：助词，无实义。

⑧先：所礼让的人。

⑨宗庙：祭祀先祖的地方。

⑩亲：祖先的恩情。

⑪修身慎行，恐辱先也：平日里修身养性，谨慎自己的言行，惟恐玷污了祖先的英名。修身，指修养身心。慎行，行为小心谨慎。先，祖先。

⑫鬼神：即宗庙之祖先。著：明显。

⑬之至：到了极致，到了极点。

⑭通：通达。

⑮光：辉耀。

⑯"自西自东"三句：从西至东，从南到北，四面八方没有不忠心归顺的。

## 【译文】

孔子说："从前，贤明的君主侍奉父亲非常孝顺，因而他能虔诚地奉祀上天，而上天也能明白他的孝道之心；他侍奉母亲十分孝顺，因而他也能虔诚地敬祀地神，而地神也能察明他的孝敬之情；从长辈到晚辈的关系合乎礼法，和美融洽，因而整个天下都秩序井然。君主的孝心通天达地，因而神灵降福保佑他们。所以说，即使贵为天子，也一定有他所要尊敬的人，这就是他的父亲；也一定有他所要礼让的人，这就是他的兄长。在宗庙祭祀时表示虔诚敬仰之心，是为了不忘记祖先。重视道德修养，行为谨慎小心，就是担心一旦失误，有辱先人。在宗庙举行祭祀，表达对神的敬意，先祖们的灵魂就会到来。对父母兄长的孝悌之情到达极致，就能通达于神明，从而辉耀于整个世界，不会留下任何达不到的地方。《诗经》上说："从西至东，从南到北，四面八方没有不忠心归顺的。""

# 事君章第十七

子曰："君子之事上也①，进思尽忠②，退思补过③。将顺其美，匡救其恶④。故上下能相亲也。《诗》云：'心乎爱矣，退不谓矣。中心藏之，何日忘之⑤！'"

**【题解】**

本篇提出臣子效命君王的行为标准，即"进思尽忠，退思补过，将顺其美，匡救其恶"，达到这三点，就"上下能相亲"。

**【注释】**

①君子：旧注说上文各章"君子"指君王，本章"君子"指臣下。又，君子，有的版本作孝子。事上：侍奉君王。

②进：指为朝廷做事。

③退：回到家里。

④将顺其美，匡救其恶：从政时协助君王实行美政，纠正补救君王的恶德。将，助。匡救，扶正补救。郑注："善则称君，过则称已也。"司马光曰："将，助也。"

⑤"心乎爱矣"四句：爱君之心，虽远犹近。铭记心中，永不忘记。退，远，指远离君王身边。不谓，谈不上（远）。藏，铭记。之，代指"爱君之心"。

## 【译文】

　　孔子说："君子在效命君王时，上朝则竭尽其忠心报效国家，回到家里就尽力思索，以寻找国家或个人的错失。从政时协助君王实行美政，纠正补救君王的恶德。这样就能使上上下下互相亲近。"《诗经》里说："爱君之心，虽远犹近。铭记心中，永不忘记！"

# 丧亲章第十八①

子曰:"孝子之丧亲也②,哭不偯③,礼无容④,言不文⑤,服美不安⑥,闻乐不乐⑦,食旨不甘⑧,此哀戚之情也。三日而食⑨,教民无以死伤生,毁不灭性⑩,此圣人之政也⑪。丧不过三年⑫,示民有终也。为之棺、椁、衣、衾而举之⑬;陈其簠、簋而哀戚之⑭;擗踊哭泣⑮,哀以送之;卜其宅兆,而安措之⑯;为之宗庙⑰,以鬼享之⑱;春秋祭祀⑲,以时思之⑳。生事爱敬,死事哀戚,生民之本尽矣㉑,死生之义备矣㉒,孝子之事亲终矣㉓。"

## 【题解】

本篇从三个方面阐明丧亲时应尽的孝道:一是应具有哀戚之情,二是应注意哀痛的分寸,三是应尽治丧义务。

## 【注释】

①丧亲:失去父母亲。丧,丧失,失去。

②孝子之丧亲也:孝子在父母亲亡故归天之后。

③哭不偯(yǐ):形容悲伤到了极点,以致痛哭得气竭声嘶。偯,哭泣的尾声。

④无容:指因极为悲哀,寝食俱废,无心梳洗,面容身形憔悴消瘦。

⑤言不文:说话不讲究藻饰修辞等。

⑥服美:穿华丽的衣服。服,穿。

⑦闻乐不乐：前一个乐为音乐的乐，后一个乐为快乐的乐。

⑧旨：鲜美的食物。甘：香甜。

⑨三日而食：指古时丧礼，父母之丧三天以后，才有正常饮食。

⑩毁不灭性：哀恸悲苦不应该伤及性命。

⑪政：礼法制度。

⑫丧：守丧、服丧。

⑬为之棺、椁、衣、衾而举之：为他准备好内棺、外棺、寿衣、寿被，并将他入殓。椁(guǒ)，古代棺木有两重，内棺称棺，套于内棺之外的棺材称椁。衣，寿衣。衾，寿被。举，将死者殓入棺木。

⑭陈其簠(fǔ)、簋(guǐ)而哀戚之：安排陈设些祭奠用的器具如簠、簋之类，以寄托生者的哀痛与悲伤。陈，陈列、摆设。簠簋，古代祭祀时盛稻粱黍稷用的木制器皿。簠盛稻粱，外方内圆。簋盛黍稷，外圆内方。戚，哀伤。

⑮擗(pǐ)踊：捶胸顿足。

⑯卜其宅兆，而安措之：选择好一块风水宝地，把遗体安放并埋葬在那里。卜，选择。宅，墓穴。兆，坟地。安措，安葬。

⑰为之宗庙：指在家庙里为死者设立相应的牌位。

⑱以鬼：按照对逝者的礼法。

⑲春秋，指春秋两季。

⑳以时：按时。

㉑本：本分，义务。

㉒义：道义，情分。

㉓孝子之事亲终矣：孝子侍奉双亲的任务完成了。

## 【译文】

  孔子说："孝子在父母亲亡故归天之后，哭泣得声嘶气竭，行为举止也没有了平日的那种礼仪，说话谈论也没有文采次序，穿上好衣服就感到不安适，听到美妙的音乐也觉得不愉快，吃到好味道的食物也感觉不称心，这都是一个人因极度悲哀而导致的表现。根据礼法制度，父母过世三天之后，孝子即应进食，这就是要教导民众不要因为死者而伤害了生者的身体，哀恸悲苦不应该危及性命。这些都是圣贤君子的为政之道。为亲人守丧，最多不要超过三年，表示这些丧制是有它的期限的。办丧事的时候，替死去的父母准备好里棺、外棺、寿衣、寿被，并将他们入殓；安排陈设些祭奠用的器具如簠、簋之类，以寄托生者的哀痛与悲伤；送葬之时，捶胸顿足、号啕大哭；选择好一块风水宝地，把遗体安放并埋葬在那里；建立一座用于祭祀的庙宇，让亡灵有所归依寄托，并且时时献祭，使亡灵安详平静；春秋两季举行祭典，定期追思，表示在世的人无时不在想念故去的亲人。父母在世之时，对他们恪尽孝敬之心，父母死了以后则怀着悲哀之情料理丧事。一个人能够做到这些，就算完成了自己的根本义务，履行了对父母生养死葬的道义。作为一个孝子能够做到这些，他侍奉双亲的义务即告终结。"

# 劝孝歌

王中书

【题解】

　　《劝孝歌》是劝人孝敬父母的长篇通俗读物。它用诗歌形式叙述父母生儿育女的艰辛，斥责"不孝子"的种种不孝行为，劝他们"及早悔前非"，诚心尽孝道。全篇通俗浅近，情意真切，有很强的感染力。

　　　　孝为百行首，诗书不胜录。
　　　　富贵与贫贱，俱可追芳躅。
　　　　若不尽孝道，何以分人畜？
　　　　我今述俚言，为汝效忠告。
　　　　百骸未成人，十月怀母腹。
　　　　渴饮母之血，饮食母之肉。
　　　　儿身将欲生，母身如在狱。
　　　　惟恐生产时，身为鬼眷属。
　　　　一旦见儿面，母命喜再续。
　　　　一种诚求心，日夜勤抚鞠。
　　　　母卧湿蓐席，儿眠干蓐茵。
　　　　儿睡正安稳，母不敢伸缩。
　　　　儿秽不嫌臭，儿病甘心赎。
　　　　横簪与倒冠，不暇思沐浴。
　　　　儿若能步履，举步虑颠覆。

儿若能饮食，省口恣所欲。
乳哺经三年，汗血耗千斛。
劬劳辛苦尽，儿至十五六。
性气渐刚强，行止难拘束。
衣食父经营，礼义父教育。
专望子成人，延师课诵读。
慧敏恐疲劳，愚怠忧碌碌。
有善先表暴，有过常掩护。
子出未归来，倚门继以烛。
儿行十里程，亲心千里逐。
儿长欲成婚，为访闺中淑。
媒妁费金钱，钗钏捐布粟。
一日媳入门，孝思遂衰薄。
父母面如土，妻子颜如玉。
亲责反睁眸，妻誉不为辱。
母披旧衫裙，妻着新罗绸。
父母或鳏寡，为儿守孤独。
父虑后母虐，鸾胶不再续。
母虑孤儿苦，孀帏忍寂寞。
身长不知恩，糕饵先儿属。
健不祝哽噎，病不如伸缩。
衣裳或单寒，衾绸失温燠。
风烛忽垂危，弟兄分财谷。
不思创业艰，惟道遗资薄。
忘却本与源，不念风与木。

烝尝亦虚文，宅兆何时卜？
人不孝其亲，不如禽与畜。
慈乌尚反哺，羔羊犹跪足。
人不孝其亲，不如草与木。
孝竹体寒暑，慈枝顾本末。
劝尔为人子，孝经须勤读。
王祥卧寒冰，孟宗哭枯竹。
蔡顺拾桑椹，贼为奉母粟。
杨香拯父危，虎不敢肆毒。
伯俞常泣杖，平仲身日鬻。
江革甘行佣，丁兰悲刻木。
如何今世人，不效古风俗？
何不思此身，形体谁养育？
何不思此身，德行谁式縠？
何不思此身，家业谁给足？
父母即天地，罔极难报复。
亲恩说不尽，略举粗与俗。
闻歌憬然悟，省得悲莪蓼。
勿以不孝首，枉戴人间屋。
勿以不孝身，枉着人间服。
勿以不孝口，枉食人间谷。
天地虽广大，难容忤逆族。
及早悔前非，莫待天诛戮。
万善孝为先，信奉添福禄。

# 劝报亲恩篇

【题解】

　　《劝报亲恩篇》的作者无可考证，从其中的一些方言看，当是流传于北方地区。它以诗歌的形式，大力宣传孝敬父母、友爱兄弟的文明美德，曾广泛流传，影响极大。通篇用韵语写成，通俗浅近，易诵易记，很有感染力。

一

天地重孝孝当先，一个孝字全家安。

为人须当孝父母，孝顺父母如敬天。

孝子能把父母孝，下辈孝儿照样还。

自古忠臣多孝子，君选贤臣举孝廉。

要问如何把亲孝，孝亲不止在吃穿。

孝亲不教亲生气，爱亲敬亲孝乃全。

可惜人多不知孝，怎知孝能感动天。

福禄皆因孝字得，天将孝子另眼观。

孝子贫穷终能好，不孝虽富难平安。

诸事不顺因不孝，回心复孝天理还。
孝贵心诚无它妙，孝字不分女和男。
男儿尽孝顺和悦，妇女尽孝多耐烦。
爹娘面前能尽孝，一孝就是好儿男。
翁婆身上能尽孝，又落孝来又落贤。
和睦兄弟就为孝，这孝叫做顺气丸。
和睦妯娌就是孝，这孝家中大小欢。
男有百行首重孝，孝字本是百行原。
女得淑名先学孝，三从四德孝为先。
孝字传家孝是宝，孝字门高孝路宽。
能孝何在贫和富，量力尽心孝不难。
富孝鼎烹能致养，贫孝菽水可承欢。
富孝孝中有乐趣，贫孝孝中有吉缘。
富孝瑞气满潭府，贫孝祥光透清天。
孝从难处见真孝，孝心不容一时宽。
赶紧孝来孝孝孝，亲山我孝寿山天。
亲在当孝不知孝，孝殁知孝孝难全。
生前尽孝亲心悦，死后尽孝子心酸。
孝经孝文把孝劝，孝父孝母孝祖先。
为人能把祖先孝，这孝能使子孙贤。
贤孝子孙钱难买，着孝买来不用钱。
孝字正心心能正，孝字修身身能端。
孝字齐家家能好，孝字治国国能安。
天下儿孙尽学孝，一孝就是太平年。
戒淫戒赌都是孝，孝子成材亲心欢。

戒杀放生都是孝，能积亲寿孝通天。
惜谷惜字都是孝，能积亲福孝非凡。
真为心善是真孝，万善都在孝里边。
孝子行李吉福护，为人不孝祸无边。
孝子在世声价重，孝子去世万古传。
此篇句句不离孝，离孝人伦难周全。
念得十遍千个孝，消灾免难百孝篇。

## 二

人生五伦孝当先，自古孝为百行原。
世上惟有孝字大，孝顺父母为一端。
欲知孝道有何尽，听我仔细对你言。
好饭先尽爹娘用，好衣先尽爹娘穿。
穷苦莫教爹娘受，忧愁莫教爹娘耽。
出入扶持须谨慎，朝夕伺候莫厌烦。
爹娘都调勿违阻，吩咐言语记心间。
呼唤应声不敢慢，诚心敬意面带欢。
大小事情须禀命，禀命再行莫自专。
时时体贴爹娘意，莫教爹娘心挂牵。
宝局钱场休我往，花街柳巷莫游玩。
保身惜命防灾病，酒色财气不可贪。
为非作歹投阴德，惹骂爹娘心怎安。
是耕是读是买卖，安分守己就是贤。
每日清晨来相问，冷热好歹问一番。

到晚莫往旁处去，奉待爹娘好安眠。
夏天爹娘要凉快，冬天宜暖不宜寒。
爹娘一日三顿饭，三顿茶饭留心观。
恐怕饮食失调养，有了灾病后悔难。
老人食物宜软烂，冷硬切莫往上端。
富家酒肉常不断，贫家量力进肥甘。
但愿自己受委屈，莫教爹娘受艰难。
莫重财帛轻父母，莫受挑唆听妻言。
为人诚心把孝尽，才算世间好儿男。
万一爹娘有了过，恐怕别人笑嗤咱。
委曲婉转来相劝，比东说西莫直言。
爹娘若是顾闺女，莫与姊妹结仇冤。
爹娘若是偏兄弟，想是咱身有不贤。
双全父母容易孝，孤寡父母孝难全。
白日冷清常沉闷，黑夜凄凉形影单。
亲儿亲娘容易孝，惟有继母孝更难。
继母若是性子暴，柔声下气多耐烦。
对人总说爹娘好，受屈头上有青天。
有时爹娘身得病，谨慎调养莫等闲。
煎汤熬药须亲手，不可一日离床前。
病重神前去祷告，许愿惟有善书篇。
尽心竭力来侍奉，日莫辞劳夜莫眠。
休说自己劳苦大，爹娘劳苦更在先。
人子一日长一日，爹娘一年老一年。
劝人及时把孝尽，兄弟虽多不可扳。

若待父母去世后，想着尽孝难上难。
纵有猪羊灵前供，爹娘何曾到嘴边。
不如活着吃一口，粗茶淡饭也香甜。
即遭不幸出丧事，不可鼓乐闹喧天。
不尚虚文只哀恸，要紧预备好衣棺。
丧葬之后孝再行，按节祭扫把坟添。
兄弟姊妹要亲爱，亲爱兄妹九泉安。
生前死后孝尽到，为人一生大事完。
试看古来行孝者，荣华富贵福绵绵。
你看忤逆不孝顺，送到大堂板子扇。
此篇劝孝逢知己，趁早行孝莫迟延。

## 三

从来亲恩报当先，说起亲恩大如天。
要知父母恩情大，听我从头说一番。
十月怀胎耽惊怕，临产就是生死关。
一生九死脱过去，三年乳哺受熬煎。
生来不能吃东西，食娘血脉充饭餐。
白天揣着把活做，到晚怀里揽着眠。
左边尿湿放右边，右边尿湿放左边。
左右两边全湿尽，将儿放在胸膛间。
偎干就湿身受苦，抓屎抓尿也不嫌。
孩子醒了她不睡，敞着被窝任意玩。
纵然自己有点病，怕冷也难避风寒。

孩子睡着怕他醒，不敢翻身常露肩。
夏天结计蚊子咬，白天又怕蝇子餐。
又怕有人来惊动，惊得强醒不耐烦。
孩子欢喜娘也喜，孩子啼哭娘不安。
这么拍来那么哄，亲亲吻吻蜜还甜。
手里攀着怀中抱，掌上明珠是一般。
娘给梳头娘洗脸，穿衣曲顺小肘弯。
小裤小袄忙里做，冬日棉来夏日单。
不会吃饭使嘴喂，惟恐儿女受饥寒。
结计冷来结计热，结计吃来结计穿。
娘疼孩儿心使碎，孩儿不觉只贪玩。
长大成人往回想，恩情难报这三年。
富家养儿还容易，贫家养儿更是难。
无有烧烟无有米，儿女啼饥娘心酸。
万般出于无其奈，寻茶讨饭到街前。
要下饭来儿先饱，娘就忍饥也心甘。
冬天做件破棉袄，自己冻着尽儿穿。
娘为孩儿受冻饿，孩子小时不知难。
长大成人往回想，无有爹娘谁可怜？
有时发热出痘疹，吓得爹娘心胆寒。
寻找医生求人看，煎汤熬药祷告天。
恨不能够替儿病，吃饭不饱睡不眠。
多咎孩子好伶俐，这才昼夜能安然。
三岁两岁才学走，恐有跌磕落伤残。
五岁六岁离怀抱，任意在外跑着玩。

一时不见儿的面，眼跳心慌坐不安。
东家寻来西家找，怕是有人欺负咱。
结计狗咬并车轧，只怕寻河到井边。
父母爱儿无有了，想想爹娘那一番。
小篇不过说大意，千言万语说不全。
十岁八岁快成人，送到南学读书文。
笔墨纸张不惜费，束脩摊派不辞贫。
三顿饱饭供给你，衣裳穿个干净新。
家中有活不教做，给奖为儿自辛勤。
结计学生合格气，又怕先生怒气嗔。
结计孩子身受苦，又怕长大不如人。
儿在南学把书念，哪知爹娘常挂心。
十四五六成大人，便要与儿结婚姻。
托个媒人当月老，访求淑女配成婚。
纳采行聘都情愿，钗环首饰费金银。
择个吉日将过事，逐日忙忙操碎心。
油门油窗顶棚绑，洞房裱糊一色新。
时样缨帽买一顶，可体袍褂做一身。
鼓乐喧天门前闹，摆席候客忙煞人。
说的本是富家主，再说贫家父母心。
少吃缺穿难度日，一心给儿把妻寻。
借钱使礼也愿娶，千方百计娶进门。
娶个好的是福利，若是不贤是祸根。
枕边挑唆几句话，当下儿子变了心。
媳妇好比珠宝玉，父母如同陌路人。

待上二年生下子，更忘爹娘把儿亲。

何人与你把妻娶？何人与你过的门？

花费银钱是哪个？操心劳力是何人？

拍拍胸膛仔细想，孰轻孰重孰为尊？

养儿准备防备老，养儿不知报娘恩。

没有爹娘生下你，世上怎有你这身？

没有爹娘养你大，怎在世间成个人？

为儿若把爹娘忘，好比花木烂了根。

如果不把亲恩报，扬头竖脑为何人？

不孝之人世上有，天打雷劈也是真。

为儿若有别的意，指望劝人动动心。

如若你把亲恩报，下边定出好儿孙。

## 四

奉劝世人你是听，五伦之内有弟兄。

为人在世兄爱弟，在世为人弟敬兄。

三人哭活紫荆树，于今成神在天宫。

桃园结义是异姓，何况同父同母生？

同母固然是兄弟，两母兄弟一般同。

莫因嫡庶分彼此，弄得兄弟犯制争。

莫因前事生疑忌，闹得兄弟伤真情。

莫因妯娌不和气，兄弟参商各西东。

莫因奴仆传闲话，兄弟界墙把气生。

倘若哥哥性子暴，不过忍些肚里疼。

为弟若是不说理，宽宏大量把他容。
牛宏待着他弟好，身居相位显大功。
彦霄待着他哥好，父子同榜把官封。
兄好弟好有好报，许多古人难说清。
沈仁沈义兄弟俩，二人俱是翰林公。
因为家产犯争执，不念兄弟手足情。
一齐上控到抚宪，抚宪广劝不动刑。
五伦五常对他讲，飞禽走兽比给听。
比东说西劝一遍，兄弟二人放悲声。
大堂以上哭一抱，越思越想越伤情。
翰林院里为学士，反把手足情看轻。
兄弟回家成义气，后来一齐把官升。
兄弟和好能得好，老天最重这一宗。
兄弟和睦爹娘说，就是外人也敬奉。
兄弟和睦是榜样，眼看儿孙又弟兄。
兄宽弟忍听我劝，和气致祥福禄增。

# 五

父母恩情似海深，人生莫忘父母恩。
生儿育女循环理，世代相传自古今。
为人子女要孝顺，不孝之人罪逆天。
家贫才能出孝子，鸟兽尚知哺育恩。
父子原是骨肉亲，爹娘不敬敬何人？
养育之恩不图报，望子成龙白费心。

# 二十四孝

(元) 郭居敬

## 【题解】

尊老爱幼是中华民族的优良传统。封建统治阶级从维护封建统治和宗法秩序的需要出发，把这个传统同"孝"交织在一起，大力宣扬孝子、孝女的事迹，为他们树碑立传。因而，许多孝行故事应运而生，并在民间广泛流传。

到了元代，由于民族矛盾和阶级矛盾异常尖锐，社会黑暗，世风日下，汉族文人郭居敬遂从历史典籍、笔记小说、民间传说的孝子、孝女中选择了二十四人，把他们的事迹加以提炼整理，编撰成书，这便是最早的《二十四孝》。郭居敬，字义祖，福建大田（今福建省中部）人。据《大田县志》载，郭居敬本人也是个孝子，他编撰《二十四孝》的目的是"用训童蒙"，即用来作为教育儿童的启蒙读物。

《二十四孝》抓住了孝道这个世代存在、人人关心的永恒主题，所写人物包括帝王将相、小官小吏、平民百姓、知识分子、男女老少，很能迎合社会各阶层人物的口味。而且故事引人入胜，篇幅短小精悍，文字简约生动。所以，此书一出，很快流传于世，其作用和影响远远超出了"用训童蒙"的范围。

从实而论，《二十四孝》是众多作家的集体创作，郭居敬只是对其进行了采集、筛选、提炼和整理。该书里的一些故事在流传过程中，经过了许多无名氏作家的想象和加工。这些无名氏作家从良好愿望出发，各以自己的历史观、价值观、道德观来塑造他们心目中的孝子形象，因而使得有的孝子的孝行不怎么合乎人情，甚至带有某种荒诞成分和迷信色彩。如郭臣埋儿、丁兰刻木、孟宗哭竹、王祥卧冰等。因此，对于《二十四孝》，我们应以历史唯物主义观点，持批判继承态度，汲取精华，摒弃糟粕，古为今用，使尊老、敬老、爱老的优良传统在现今发扬光大。

# 孝感动天

虞舜，瞽瞍之子。性至孝。父顽，母嚚，弟象傲。舜耕于历山，有象为之耕，鸟为之耘。其孝感如此。帝尧闻之，事以九男，妻以二女，有以天下让焉。

队队春耕象，纷纷耘草禽。

嗣尧登宝位，孝感动天心。

【题解】

虞舜，姓姚名重华，号有虞氏。他的父亲叫瞽瞍。舜自小失去母亲，父亲又瞎了双眼。后来父亲为舜娶了一个又凶又狠的后母，并生了一个弟弟叫象。瞽瞍偏爱后妻和小儿，听信后妻的挑拨。可怜虞舜，自小受尽虐待。但他天性至孝，不论父母怎样对他，他总是不反抗，仍然尊父敬母。象从小受到溺爱，养成了懒惰、自私、贪婪、狂傲的性格，长大后伙同父母几次三番设计谋害舜。舜每遭陷害都幸运地化险为夷。大难不死的舜不仅不计前嫌，反而加倍孝顺父母，爱护弟弟。舜的孝悌最终感动了父母、弟弟，并使舜获得了很大的声名，还使他受到了尧帝的赏识。尧帝把两个女儿嫁给舜，还把帝位禅让给了他。

# 戏彩娱亲

周老莱子,至孝,奉二亲极其甘脆,行年七十,言不称老。常著五彩斑斓之衣,为婴儿戏于亲侧。又尝取水上堂,诈跌卧地,作婴儿啼,以娱亲意。

戏舞学娇痴,春风动彩衣。

双亲开口笑,喜色满庭帏。

【题解】

本篇主人公老莱子,春秋楚国人,其姓名已无从考证,只知道他的号为老莱子。老莱子著有15篇专门阐述道家思想的文章,在当时颇有名气,但让他获得盛名并流传后世的是他的孝道。本篇即道出了他装疯卖傻、搞笑父母的奇行怪举。

## 鹿乳奉亲

周剡子,性至孝。父母年老,俱患双眼,思食鹿乳。剡子乃衣鹿皮,去深山,入鹿群之中,取鹿乳供亲。猎者见而欲射之。剡子具以情告,以免。

亲老思鹿乳,身挂褐毛衣。

若不高声语,山中带箭归。

【题解】

本篇主人公郯子为春秋时期鲁国周边小国郯国的国君。郯子自小孝名远播。长大当了国君后,他精心治国,安抚百姓,提倡孝敬,使小小的郯国变得昌盛富裕。郯子死后,郯国在列国争霸称雄中又存在了半个多世纪,于战国初年被越国所灭。相传孔子曾拜郯子为师,并受到许多有益的教诲。

# 为亲负米

周仲由,字子路。家贫,常食藜藿之食,为亲负米百里之外。亲殁,南游于楚,从车百乘,积粟万钟,累茵而坐,列鼎而食。乃叹曰:"虽欲食藜藿,为亲负米,不可得也。"

负米供旨甘,宁辞百里遥。

身荣亲已殁,犹念旧勤劳。

【题解】

仲由,字子路,春秋鲁国卞(今山东泗水)人。子路素以孔子的得意门生而闻名后世。但世人知道他的孝名的恐怕不多,本篇道出了仲由作为孝子的一面。

# 啮指心痛

　　周曾参，字子舆，事母至孝。参尝采薪山中，家有客至。母无措，望参不还，乃啮其指。参忽心痛，负薪以归，跪问其故。母曰："有急客至，吾啮指以悟汝尔。"

　　母指才方啮，儿心痛不禁。

　　负薪归未晚，骨肉至情深。

【题解】

　　本篇主人公曾参，春秋鲁国武城(今山东费县)人，又称曾子，是孔子有名的弟子。曾参的孝名在当时有口皆碑，传说孔子与他深入地讨论孝道问题，阐发儒家的孝道思想。他们的讨论后来被结集成书，这便是著名的《孝经》。本篇啮指心痛的故事，可能是因为曾参平日与母亲心心相印，从而产生出了心灵感应。

# 单衣顺母

周闵损，字子骞，早丧母。父娶后母，生二子，衣以棉絮；妒损，衣以芦花。父令损御车，体寒，失纼。父察如故，欲出后母。损曰："母在一子寒，母去三子单。"母闻，悔改。

闵氏有贤郎，何曾怨晚娘？

尊前留母在，三子免风霜。

## 【题解】

司马迁在为孔子立传时指出，孔子的弟子都是"异能之士"，论德行，当推颜渊、闵子骞、冉伯牛、仲弓四人最为出色。本篇的主人公即为这四人之一的闵子骞，他姓闵，名损，字子骞，春秋时鲁国人。他以品学兼优著称，他的孝心更是有口皆碑。为此，他的老师孔子曾这么夸奖他："孝哉闵子骞！人不间于父母昆弟之言。"意思是：闵子骞非常孝顺！他上事父母，下顺兄弟，动静尽善，别人很难对他说三道四。

# 亲尝汤药

前汉文帝,名恒,高祖第三子,初封代王。生母薄太后,帝奉养无怠。母常病,三年,帝目不交睫,衣不解带,汤药非亲尝弗进,仁孝闻于天下。

仁孝临天下,巍巍冠百王。
莫庭事贤母,汤药必亲尝。

【题解】

本篇主人公汉文帝是二十四孝中惟一的帝王形象。俗话说"久病无孝子",然而刘恒却以自己的行为打破了常情。孔子说:"爱亲者,不敢恶于人,敬亲者,不敢慢于人。爱敬尽于事亲,而德教加于百姓,刑于四海。盖天子之孝也。"刘恒正是如此。他执行"与民休息"的政策,减轻各种赋税和劳役刑狱,多次颁布诏令,提倡孝悌,主张敬老。由于他采取这些措施,农业生产有所恢复和发展,社会风气得以淳化,汉王朝开始走上了"文景之治"的道路。难能可贵的是,他死前留下遗嘱,反对厚葬,反对以治丧为由而骚扰百姓。刘恒以自己的品行和政绩获得了封建史学家们的较高评价,如班固在《汉书》中说:"专务以德化民,是以海内殷富,兴于礼义,断狱数百,几致刑措(弃置不用)。呜呼,仁哉!"

# 拾葚供亲

汉蔡顺,少孤,事母至孝。遭王莽乱,岁荒不给,拾桑葚,以异器盛之。赤眉贼见而问之。顺曰:"黑者奉母,赤者自食。"贼悯其孝,以白米三斗牛蹄一只与之。

黑葚奉萱帏,啼饥泪满衣。

赤眉知孝顺,牛米赠君归。

**【题解】**

古话说"乱世出英雄",其实乱世也可出孝子。本篇讲述的就是王莽乱世时的孝子蔡顺的故事。虽逢乱世,粮食奇缺,但在蔡顺的精心照料下,蔡母一直活到90多岁才安详地死去。

# 为母埋儿

汉郭巨,家贫。有子三岁,母尝减食与之。巨谓妻曰:"贫乏不能供母,子又分母之食,盍理此子?儿可再有,母不可复得。"妻不敢违。巨遂掘坑三尺余,忽见黄金一釜,上云:"天赐孝子郭巨,官不得取,民不得夺。"

郭巨思供给,埋儿愿母存。

黄金天所赐,光彩照寒门。

【题解】

本篇讲述的是西汉武帝时的孝子郭巨的故事。他家住河南中原地带隆虑县(今河南林县)的隆虑山下。为让母亲吃饱,家贫的郭巨竟然准备活埋与母亲分食的亲生儿子。这份孝心固然可敬,但他的孝行可不可以仿效?用今天的眼光看来,答案是否定的。

# 卖身葬父

　　汉董永，家贫。父死，卖身贷钱而葬。及去偿工，途遇一妇，求为永妻。俱至主家，令织缣三百匹，乃回。一月完成，归至槐阴会所，遂辞永而去。

　　葬父贷孔兄，仙姬陌上逢。

　　织缣偿债主，孝感动苍穹。

## 【题解】

　　广为流传、极受人们喜爱的《天仙配》属于神话故事，然而其中的男主人公董永，历史上确有其人。董永，东汉千乘（今山东高青东南）人，家贫。他幼年丧母，与父亲相依为命。父亲在世时，他极尽孝道，父亲死后，他卖身葬父。因为世人希望大孝子有一个好的结局，因而把他编排到了神话故事中。据说今湖北孝感就是董永与七仙女相见和分别之处，其名"孝感"即由此而来。

# 刻木事亲

汉丁兰，幼丧父母，未得奉养，而思念劬劳
之恩，刻木为像，事之如生，其妻久而不敬，以
针戏刺其指，血出。木像见兰，眼中垂泪。兰
问得其情，将妻弃之。

刻木为父母，形容在日时。

寄言诸子女，及早孝双亲。

**【题解】**

二十四孝故事中的少数故事在流传过程中，经人反复加工、修改，
染上了一些迷信色彩，情节变得荒诞而不可信。本篇就是其中的一
例。但文中主人公丁兰确有其人，他是东汉河内（今河南武陟西南）
人，他刻木事亲也确有其事。

# 涌泉跃鲤

汉姜诗，事母至孝；妻庞氏，奉姑尤谨。母性好饮江水，妻出汲以奉之；母更嗜鱼脍，夫妇常作；又不能独食，召邻母共食。舍侧忽有涌泉，味如江水，日跃双鲤，诗时取以供母。

舍侧甘泉出，一朝双鲤鱼。

子能事其母，妇更孝于姑。

## 【题解】

本篇主人公姜诗，汉朝广汉（今四川广汉）人。东汉明帝时，他因孝名被召入朝，先拜郎中，再任江阳令，最后死在任上。同乡人为他立了一个庙，供人祀奉。他的妻子庞氏被认为是孝妇的榜样，其人其事被史学家写入《后汉书·列女传》中。相传庞氏在打水途中险些在风雨中丧命，而他们十多岁的儿子因代母亲打水，被无情的沱江水夺走了年轻的生命。尽管如此，他们夫妇俩仍然克服精神上的和经济上的困难，担来沱水，买来鲤鱼，一一满足母亲嗜好。至于舍侧涌泉跃鲤，这是人们为孝子编排的圆满结局，寄予了人们对于孝子的美好愿望。

# 怀橘遗母

后汉陆绩，字公纪，年六岁。于九江见袁术。术出橘待之，绩怀橘三枚。及归，拜辞堕地。术曰："陆郎作宾客而怀橘乎？"绩跪答曰："吾母性之所爱，欲归以遗母。"术大奇之。

孝悌皆天性，人间六岁儿。

袖中怀绿橘，遗母报乳哺。

## 【题解】

本篇主人公陆绩，三国时期吴国人，自小酷爱读书，博学多识，人称"神童"。长大后，他受到吴国重用。在朝中任职的同时，他还潜心从事著述，注《易经》、释《玄经》、撰《浑天图》，皆传于后世。至于陆绩的孝行，史籍记载的只有本篇所述一事。仅此一事，足以反映出陆绩的为人。正是："当年柑橘入怀日，正是天真烂漫时。纯孝性成忘小节，英雄自古类如斯！"

# 扇枕温衾

　　后汉黄香,年九岁,失母,思慕惟切,乡人称其孝。躬执勤苦,事父尽孝。夏天暑热,扇凉其枕簟;冬天寒冷,以身暖其被席。太守刘护表而异之。
　　冬月温衾暖,炎天扇枕凉。
　　儿童知子职,知古一黄香。

## 【题解】

　　本篇主人公黄香,字文强,东汉江夏安陆(今湖北安陆)人。黄香从小受到良好的教育,立志做一个名垂史册的孝子,日常起居中处处孝顺父母。这扇枕温衾之举只是他所有孝行中的一个典型事例。相传黄香长大成人后,因为德才兼备受到朝廷重用,先后委以数职,官至尚书令。后来黄香因遭陷害被革职,回归故里后忧郁而死。人去事在,他年少时为父亲扇枕温衾的孝行世代相传。

# 行佣供母

后汉江革，少失父，独与母居。遭乱，负母
逃难。数遇贼，或欲劫之去，革辄泣告有母在，
贼不忍杀。转客下邳，贫穷裸跣，行佣供母。母
便身之物，莫不毕给。

负母逃危难，穷途贼犯频。

哀求俱得免，佣力以供亲。

【题解】

日久见人心，世乱鉴孝行。本篇主人公江革，字次翁，东汉初年临

淄（今山东淄博）人。其时，阴险狡诈的王莽还在台上，绿林、赤眉军发动起义，刘秀图谋恢复刘汉江山，各地绿林好汉趁机占山为王，更有一些流氓无赖浑水摸鱼。可怜老百姓财物被抢，房屋被烧，四处流亡。在这样的背景下，江革背母流浪、行佣供母，其孝心天地可鉴，日月可表。战乱平定后，他获得了"江巨孝"的称号，受到人们的敬仰，赢得当朝统治者的赞赏，推举为孝廉郎。

# 闻雷泣墓

魏王裒,事亲至孝。母存日,性怕雷,既卒,
殡葬于山林。每遇风雨,闻雷,即奔墓所,拜泣
告曰:"裒在此,母亲勿惧。"

慈母怕闻雷,冰魂宿夜台。

阿香时一震,到墓绕千回。

**【题解】**

本篇主人公王裒,字伟元,西晋初期人,家住城阳营陵(今山东昌
乐东南)。他的祖父王修,是魏国名士;父亲王仪在司马昭朝下任司马
之职,因正直敢言被司马昭斩首示众。王裒出身名门,博学多能,品质
高尚。他自小就敬重和孝顺父母。父亲惨死后,他把全部的爱心和孝
心都放到母亲身上。因此就发生了闻雷泣墓的奇事。王裒终身不仕,
隐居山林,靠授徒耕种为生。后来,晋朝统治者发生内讧,战乱不止,
人民遭殃。王裒的亲属全部东迁避难,惟王裒留恋父母双亲的坟墓,
不肯离去,最终被乱兵杀害。

# 哭竹生笋

吴孟宗，字恭武，少丧父。母老，病笃，冬日思笋煮羹食。宗无计可得，乃往竹林中，抱竹而泣。孝感天地，须臾，地裂，出笋数茎，持归作羹奉母。食毕疾愈。

泪滴朔风寒，萧萧竹数竿。

须臾冬笋出，天意报平安。

## 【题解】

孟宗，三国时期吴国江夏（今湖北鄂州）人。因其名"宗"字与吴末帝元宗（孙皓，字元宗）的"宗"字相同，为了避讳，故后来改叫孟仁。孟宗德才兼备，到吴末时累迁至光禄勋，官司空。他的孝行除本篇所记之外，较典型的还有他曾因为母办理丧事而丢乌纱帽。史载他的曾孙孟陋在晋朝时也是有名的大孝子。可见，孟宗的孝道对儿孙们影响很大，优良的家风世代相传。至于本篇中哭竹生笋，只是人们的美好愿望。

# 卧冰求鲤

晋王祥，字休徵。早丧母，继母朱氏不慈。父前数谮之，由是失爱于父。母欲食生鱼，时值冰冻，祥解衣卧冰求之。冰忽自解，双鲤跃出，持归供母。

继母人间有，王祥天下无。
至今河水上，一片卧冰模。

**【题解】**

王祥，晋初琅琊临沂(今山东费县东)人，以孝名和政绩官至太保，爵封睢陵公，尊宠至极。王祥幼年生母早逝，父亲续娶后母朱氏，生弟弟王览。朱氏视王祥为眼中钉，并挑拨王祥与父亲的关系，可怜王祥受尽虐待。父亲死后，后母多次设计谋害王祥，所幸王览心地善良，不与母亲一般见识。在他的帮助下，不仅使兄长免遭毒手，而且使母亲终于彻底觉悟。王祥虽受父母虐待，但他对父母却极尽孝道，做了许多惊天地泣鬼神的孝事。本篇所记就是其中的一例。尽管"冰忽自解，双鲤跃出"显然着上神话色彩，但孝子形象跃然纸上。

# 扼虎救父

晋杨香，年十四岁，尝随父丰往田获杰粟，父为虎曳去。时香手无寸铁，惟知有父而不知有身，踊跃向前，扼持虎颈，虎亦靡然而逝，父方得免于害。

深山逢白额，努力搏腥风。

父子俱无恙，脱离馋口中。

**【题解】**

本篇主人公是二十四孝中的一个孝顺女儿形象。她是一个叫杨香的年仅 14 岁的少女，她凭着一颗孝心，赤手空拳，置老虎于死地，从虎口中救出父亲。其举真是感天动地，可歌可泣。杨香能够奋不顾身，与虎争父，这与她的成长历程分不开。她年幼丧母，父亲含辛茹苦把她拉扯成人。因此，一直以来，她对父亲非常孝顺，关心备至，体贴入微。所以，当她看到老虎要吞食父亲时，心中只想到父亲的安危，全然没有自己。

# 恣蚊饱血

晋吴猛，年八岁，事亲至孝。家贫，榻无帷帐，每夏夜，蚊多攒肤。恣渠膏血之饱，虽多，不驱之，恐去己而噬其亲也。爱亲之心至矣。

夏夜无帷帐，蚊多不敢挥。

恣渠膏血饱，免使入亲帷。

## 【题解】

在二十四孝故事里，有的孝子的孝行近乎痴傻，本篇主人公吴猛恣蚊饱血就是其中一个。吴猛，晋朝豫章（今江西南昌）人。他很小的时候，母亲就死了，父亲既当爹又当娘，精心抚养他。乌鸦反哺，羊羔跪乳。吴猛八岁就知道恣蚊饱血孝顺父亲，等到自己成年而父亲死后，他卖了房子卖了地，倾其所有为父亲办理丧事。父亲三年丧满，吴猛云游四海，从道家学艺。四十岁时大器晚成。

# 尝粪心忧

　　南齐庾黔娄，为孱陵令。到县未旬日，忽心惊汗流，即弃官归。时父疾始二日，医曰："欲知瘥剧，但尝粪苦则佳。"黔娄尝之甜，心甚忧之。至夕，稽颡北辰，求以身代父死。

　　到县未旬日，椿庭遗疾深。
　　愿将身代死，北望起忧心。

## 【题解】

　　俗话说"儿不嫌母丑"，不曾听"儿尝父粪忧"，本篇道出了这样一则奇事。主人公庾黔娄，字子贞，南齐新野（今河南新野）人，后徙居江陵（今湖北江陵）。庾黔娄出身名门，品学兼优。因为孝名，尽管朝代更替，他一直受到重用。

# 乳姑不怠

　　唐,崔山南曾祖母长孙夫人,年高无齿。祖母唐夫人,每日栉洗,升堂乳其姑,姑不粒食,数年而康。一日病,长幼咸集,乃宣言曰:"无以报新妇恩,愿子孙妇如新妇孝敬足矣。"

　　孝敬崔家妇,乳姑晨盥梳。

　　此恩无以报,愿得子孙如。

【题解】

　　本篇讲的是唐朝人崔南山的祖母唐夫人孝顺他的曾祖母长孙夫人的故事。唐夫人的婆婆长孙夫人体弱多病,行动不便,举手抬足都要人侍候。况且,她牙齿脱落,不能咀嚼食物,全靠吃奶、汤等流食维持生命。唐夫人多年如一日,精心服侍婆婆,从不感到厌烦,使得体弱多病的婆婆高寿而终。后来唐夫人的儿媳、孙媳对婆婆同样极其孝顺。

# 亲涤溺器

宋黄庭坚，元祐中为太史，性至孝。身虽贵显，奉母尽诚。每夕，亲自为母涤溺器，未尝一刻不供子职。

贵显闻天下，平生孝事亲。

亲自涤溺器，焉用婢生嗔。

## 【题解】

北宋大文豪苏轼曾用16个字评价一位与他同时代的人："瑰伟之文，妙绝当世，孝友之行，追配古人。"那么，这个文才、孝行俱佳的杰出人物是谁呢？他就是黄庭坚。黄庭坚是宋神宗赵顼和宋哲宗赵煦在位期间活跃于中国文坛的一个杰出人物。他出于苏轼门下，而与苏轼齐名，世称"苏黄"；他是诗人，又是词家，讲究修辞造句，提倡"无一字无来处"和"脱胎换骨，点铁成金"，开创了"江西诗派"；他同时是书法家，擅长草、行书，以侧险取势、纵横奇崛，自成一格，为"宋四家"之一。作为文学家和书法家的黄庭坚，许多人都知道，但作为大孝子且名字排在二十四孝之列的黄庭坚，恐怕就鲜为人知了。本篇虽字数寥寥，但大才子黄庭坚的孝行人品却活灵活现。

# 弃官寻母

宋朱寿昌,年七岁,生母刘氏,为嫡母所妒,出嫁。母子不相见者五十年。神宗朝弃官入秦,与家人诀,誓不见母不复还。后行次同州,得之,时母年七十余。

七岁生离母,参商五十年。

一朝相见面,喜气动皇天。

【题解】

朱寿昌,字康叔,北宋扬州天长(今安徽天长)人。相比二十四孝中其他孝子的孝行,朱寿昌弃官寻母的行为合情合理,且值得称道。相传后来皇帝得知朱寿昌的孝行,诏令恢复他的官职。同朝王安石、苏颂、苏轼等争相写诗著文,赞美他的品行。

# 二十四孝题辞

## 【题解】

　　《二十四孝题辞》由二十四首七言绝句组成，每首绝句歌咏一则孝行故事，作者亲笔手书，书、诗俱佳。题辞前有序诗，曰："人生在世间，惟孝为第一。古来廿四人，奕奕光史册。至诚天地格，真宰鬼神泣。所求无不遂，所愿无不得。上至古帝王，下或迫隐逸。救父有弱女，乳姑有贤媳。本无求名心，千古名自立。告后生小子，戒之宜勉力。"《二十四孝题辞》的作者署名为"对凫老人"，其真实姓名已无从查考。从作者的诗作来看，当是一位颇有古文功底的饱学之士。本文据天津市古籍书店 1987 年《宋刻孝经》一书录之。

### 至孝格天

陶渔耕稼一穷民，
弟傲父顽母又嚚。
协帝重华称大孝，
空山号泣见天真。

### 戏彩娱亲

古称纯孝老莱子，
曾着斑衣效心儿。
博得双亲欢喜甚，
每多啼笑忘言时。

### 鹿乳奉亲

莘野鹿鸣呦复呦，
物非同类乳难求。
化装别有生新法，
猎户惊心佳话留。

### 仲由负米

早岁曾肩米一囊，
迢迢百里供高堂。
哪知禄厚官高日，
不逮双亲大可伤。

### 啮指心痛
母子原来通一气，
儿身处处是亲身。
家门啮指儿心痛，
一片真诚感动神。

### 单衣救母
自古偏私是后娘，
芦花难做御寒装。
彼言母去儿均苦，
感动黑心易热肠。

### 文帝尝药
几辈高堂有老亲，
病来方剂贵留神。
汉文侍疾躬尝药，
愧煞不知定省人。

### 拾葚养亲
蔡顺入山拾桑葚，
黑红分类问原因。
赤眉亦有良心在，
斗米豚蹄奖善人。

### 为母埋儿
莫责乡愚求养志，
恐分甘旨竟埋儿。
真诚一念格天地，
土变黄金是此时。

### 卖身葬父
古来孝德本无尽，
竟使卖身去葬亲。
果否仙娥来助力，
聊存佳话劝愚人。

### 刻木事亲
音容一自隔晨昏，
屺岵频登空倚门。
木刻椿萱成肖像，
朝朝礼拜慰幽魂。

### 涌泉跃鲤
姜诗以孝称当世，
有妻庞氏孝更彰。
为汲长江收覆水，
涌泉跃鲤永留芳。

### 怀橘遗亲
当年柑橘入怀日，
正是天真烂漫时。
纯孝性成忘小节，
英雄从古类如斯。

### 扇枕温衾
一枕清凉一扇风，
冬来冷被暖烘烘。
由来至孝天生就，
莫笑黄香是幼童。

### 行佣供母

离乱无力供甘旨，
不惜一身做赁佣。
他日孝廉得乡举，
官居谏议劳芳踪。

### 闻雷泣墓

荒冢结庐土一震，
泉台岂复怕闻雷？
事亲原不分生死，
诗废《蓼莪》大可哀。

### 哭竹生笋

一哭竟能笋骤生，
严冬哪得望幻萌？
非常人有非常事，
只要存心秉至诚。

### 卧冰求鲤

冬月乡村鱼鲜见，
王家逸事亦奇哉！
解衣竟向池中卧，
泼剌双鲤跃上来。

### 扼虎救父

虎衔父去真危急，
女与虎争不顾身。
顷刻之间能解脱，
奇闻奇事最惊人！

### 恣蚊饱血

高僧曾筑喂蚊台，
孝养双亲有异孩。
拼使个人受痛痒，
供君一饱莫重来。

### 尝粪忧心

苦甜能验病轻重，
孝子不妨试一尝。
欲损己年益亲寿，
全凭一瓣热心香。

### 乳姑不怠

老年咀嚼难为力，
有乳供姑孝妇唐。
每日靓妆薰沐后，
朝朝暮暮上高堂。

### 亲涤溺器

庭坚事母称纯孝，
伺候不须灶下人。
溺器亦皆躬洗涤，
豪杰孰肯效施鞏？

### 弃官寻母

解组桂冠为寻母，
芒鞋竹杖遍天涯。
引针磁石巧相遇，
迎养归来锦上花。

# 忠经

# 忠经序

　　《忠经》者，盖出于《孝经》也①。仲尼说孝者所以事君之义②，则知孝者，俟忠而成之，所以答君亲之恩，明臣子之分③。忠不可废于国，孝不可弛于家。孝既有经④，忠则犹阙⑤。故述仲尼之说，作《忠经》焉⑥。

　　今皇上含庖、轩之姿⑦，韫勋、华之德⑧，弼贤俾能⑨，无远不举。忠之与孝，天下攸同⑩。臣融岩野之臣⑪，性则愚朴。沐浴德泽，其可默乎！作为此经，庶少裨补⑫。虽则辞理薄陋，不足以称焉。忠之所存，存于劝善。劝善之大，何以加于忠孝者哉！夫定高卑以章目，引《诗》《书》以明纲。吾师于古，曷敢徒然⑬。其或异同者，变易之宜也。或对之以象其意，或迁之以就其类，或损之以简其文，或益之以备其事，以忠应孝，亦著为十有八章，所以洪其至公心⑭，勉其至诚。信本为政之大体，陈事君之要道，始于立德，终于成功，此《忠经》之义也⑮。谨序。

【注释】

① 《孝经》：儒家经典之一。十八章。作者各说不一，以孔门后学所作一说较为合理。论述封建孝道，宣传宗法思想，汉代列为七经之一。

②仲尼：即孔子，名丘，字仲尼，春秋末期思想家、政治家、教育家，儒家
   的创始者。义：合理的主张和思想。

③分：职分。

④既：已经。

⑤阙：欠缺。

⑥焉：语气词。

⑦庖、轩：传说中远古英明的君主。庖，即伏羲，也作庖牺，神话中人类
   的始祖，传说人类由他和女娲相婚而产生。轩，即黄帝，姬姓，号轩
   辕氏，传说中为中原各族共同的祖先。

⑧勋、华：传说中远古英明的君主。勋，即唐尧，名放勋，传说中父系氏
   族社会后期部落联盟领袖。华，即虞舜，姚姓，名重华，号有虞氏，传
   说中父系氏族社会后期部落联盟领袖。

⑨弼贤俾能：使天下贤明能干的人都受到重用。弼，辅佐。俾，使。

⑩攸：于是，乃，就。

⑪融：即作者马融，东汉经学家、文学家。

⑫庶少裨补：多少有些增益补阙。

⑬曷(hé)敢徒然：怎么敢任意虚造呢？

⑭洪：弘扬，扩大。

⑮义：意义，意思。


【译文】

　　《忠经》这部书，是受《孝经》的启发而写出来的。孔子说，孝是
一个人侍奉君王的重要原则。由此可知，要行孝道，首先必须要有
忠道观念，它是用来报答君王对臣属的恩德，表明臣属所应尽的义
务。忠道，对于一个国家来说是不可废弃的。孝道，对于一个家庭

来说是不能放松的。关于孝道已经有了《孝经》这部经典，而有关忠道的阐述仍然没有出现，所以我阐述孔子的学说，撰写成这部《忠经》。

当今皇上具有伏羲、黄帝那样的英姿，蕴藏着唐尧、虞舜那样的品德，使天下贤明能干的人都受到重用，即使在偏僻边远的地方也能被发现和举用。忠与孝这两大人伦之常，天下都是相通的。我马融是山野岩居的小臣，本性十分愚钝，但受到了圣上的恩德，怎么可以沉默不语呢？因此特地写下了这部著作，或许对治世、明道多少有点帮助。虽然这部书言辞、道理都十分浅薄俗陋，不值得称道，但忠道是无所不在的，宣扬它可以劝世人向善，而向世人劝善，又有什么比宣传忠、孝更为重要的呢？本书按照职位高低不同的章目来安排内容，并引用《诗经》《尚书》来作为论述要纲。我这样做，完全是师法古人，怎么敢自己任意虚造呢？其中与古人或许有不同的地方，也仅是做了一点点改易。有的是取其比喻意思作为引证，有的拿过来正好是同一类的事理，有的比《孝经》相应章数的内容有所减省，有的又比《孝经》更为充实详备。《忠经》模仿《孝经》的章节，同样写成十八章，主要是用它来弘扬至公之理，劝勉至诚之心。诚信本来是治理国家的主要内容，陈述侍奉君王的主要原则，从建立德行开始，到创立功业结束，这就是《忠经》所要讲述的大义。谨序。

# 天地神明章第一

昔在至理①，上下一德，以征天休②，忠之道也。天之所覆，地之所载；人之所履，莫大乎忠。忠者，中也，至公无私。天无私，四时行；地无私，万物生；人无私，大亨贞③。忠也者，一其心之谓也。为国之本，何莫由忠？忠能固君臣，安社稷④，感天地，动神明，而况于人乎？夫忠，兴于身，著于家⑤，成于国，其行一焉。是故一于其身，忠之始也；一于其家，忠之中也；一于其国，忠之终也。身一则百禄至，家一则六亲和，国一则万人理⑥。《书》云："惟精惟一，允执厥中⑦。"

**【题解】**

本篇提出了"忠之道"这个概念，并对其含义进行了解释，即"忠者，中也，至公无私"，"忠也者，一其心之谓也"。作者还指出"四时行""万物生""大亨贞"都是忠的结果，并分三个层次阐明了施行忠道的意义所在。从某种意义上说，这一篇实际上是以下各篇的总括和序曲。

**【注释】**
①至理：天理。
②休：美善，吉庆。

③大亨贞：吉祥如意、称心顺利。

④社稷：土地神和谷神。代指国家。

⑤著：明显，突出。

⑥理：治理，管理。

⑦"惟精惟一"二句：要精研要专一，又要诚实保持着中道。精，精研。
　一，专一。

## 【译文】

　　从前，天下昌明之时，全国上下同心同德，以报答神灵的降福，这就是一种忠道。苍天所覆盖的一切，大地所承载的一切，人类所能感知、触及的一切，没有一样比忠道更为广大。所谓忠，就是中，就是大公无私。上天没有私心，所以一年四季春夏秋冬有规律地轮换；大地没有私心，所以万物茁壮生长；人类没有私心，一切都会吉祥如意、称心顺利。所谓忠道，就是说要一心一意。治理国家大事，有哪一样又不是从忠道出发并以忠道为根本呢？忠道能使君臣关系牢固不破，能使国家安定团结，能感动天地神明，更何况是人呢？忠道能使个人安身立命，使家庭兴旺发达，使国家走向胜利，这都是一心一意、诚信可靠的自然结果。所以说，对个人始终如一，这是忠道的起点；对家庭忠诚不二，这是忠道的进一步发展；对国家忠诚不二，这是忠道的最高境界。只要个人表里如一，各种福禄就会自然而来；只要全家忠诚相待，家庭就会和睦笃亲；只要全国上下一心，国家就会治理得十分繁荣富强。《尚书》上说："要精研要专一，又要诚实保持着中道。"

# 圣君章第二

惟君以圣德，监于万邦，自下至上，各有尊也。故王者，上事于天，下事于地，中事于宗庙①。以临于人，则人化之，天下尽忠以奉上也。是以兢兢戒慎②，日增其明，禄贤官能，式敷大化③，惠泽长久，万民咸怀。故得皇猷丕丕④，行于四方，扬于后代，以保社稷，以光祖考⑤，盖圣君之忠也。《诗》云："昭事上帝，聿怀多福⑥。"

## 【题解】

从本篇开始到第七篇，将按社会地位的高低一一阐述社会各主要阶层应履行的忠道内容。本篇讲的是圣君之忠。圣君之忠体现在两个方面：一是以圣德监于万邦，二是以圣德临于人。"监于万邦"则"自下至上，各有尊也"，"临于人"则"人化之，天下尽忠以奉上也"。如果

这两方面都做到了,就可以"以保社稷,以光祖考"。这便是圣君之忠的意义、目的和归属。

【注释】

①宗庙:祖庙。

②兢兢戒慎:小心谨慎。兢兢,小心谨慎的样子,也作恐惧的样子。

③式敷大化:将教化铺开扩大。式,标准,榜样。敷,铺展,铺开。大化,深广的道德教化。

④丕丕:极大的样子。

⑤祖考:祖先。考,父亲,特指死去的父亲,泛指祖先。

⑥"昭事上帝"二句:明白怎样侍奉上帝,招来幸福无限量。昭,明白。聿(yù),语助词。怀,来,招来。

【译文】

　　只要君主能够用至圣至善的品行道德为各个属国做出榜样,那么自上至下,都会有他们所尊奉的对象。因此,身为君王的人,应当对上侍奉天地众神,对下敬奉神灵鬼怪,同时也能真诚厚道地祭奉自己的祖宗先辈。君主能够用至圣至善的品行道德为平民百姓做出榜样,百姓就会效法他,普天之下都会尽忠敬奉君王。所以,君王应当小心谨慎,使其英明之才与日俱增,给贤良之士以俸禄,起用那些有才能的人当官,将教化铺开扩大,使自己的恩惠长期广布,使他的臣民以及百姓都感念他。这样,君王的计划谋略就会产生最好的效果,并建立起辉煌的功业,以至通达四面八方,并对后代子孙产生影响,从而保证他的国家基业长久不衰,同时也能使他光宗耀祖。以上就是圣贤君主的忠道呀!《诗经》上说:"明白怎样侍奉上帝,招来幸福无限量。"

# 冢臣章第三①

为臣事君②,忠之本也,本立而后化成③。冢臣于君,可谓一体,下行而上信,故能成其忠。夫忠者,岂惟奉君忘身,徇国忘家④,正色直辞,临难死节而已矣! 在乎沉谋潜运⑤,正国安人⑥,任贤以为理,端委而自化⑦。尊其君,有天地之大,日月之明,阴阳之和,四时之信。圣德洋溢,颂声作焉。《书》云:"元首明哉! 股肱良哉! 庶事康哉⑧! "

## 【题解】

本篇讲的是"冢臣"即大臣的忠。先点出"事君"为大臣"忠之本",接着指出真正意义上的大臣之忠不在于舍生忘死,即"奉君忘身,徇国忘家,正色直辞,临难死节",而在于为国谋利,即"沉谋潜运,正国安人,任贤以为理,端委而自化"。惟其如此,才能"圣德洋溢,颂声作焉"。

## 【注释】

①冢臣:大臣。
②事:服事,侍奉。
③化成:教化形成。
④徇国:为国而献身。徇,通"殉",为某种目的而死。

⑤沉谋潜运：运筹帷幄。

⑥正国：匡正国家的失误。正，匡正。

⑦端委：穿着礼服，意为端正自身姿态。

⑧"元首明哉"三句：君主英明啊！大臣贤良啊！诸事安康啊！股肱(gōng)，
　大腿和胳膊的上部，比喻辅佐帝王的得力大臣。庶事，万事。

## 【译文】

　　作为臣子为君主办事，恪守忠道是最应坚守的基本原则。只
有把这个根本性的原则确立好了，然后才能收到教化、治理的功
效。大臣同君主的关系，可以说是一个不可分割的整体，对于臣
属们的所作所为，君主能够予以信任、理解，臣属们才能够做到对
君主恪尽忠心。忠道这东西，难道仅仅只是侍奉君主、忘记自己、
为国捐躯、舍弃家庭、敢于直言进谏、毫不畏惧、为守信义、临危不
惧、视死如归这样一些做法吗？其实，真正意义上的忠道应该是：
深谋远虑，运筹帷幄，匡正国家的失误，平息人民的不满，任用贤
明的人来治理国家，端正自身威严，使民众自然而然地受到教化。
尊信君王，有如天地一般伟大，有如日月一般光明，有如阴阳那般
调和，有如四季那般信守。只要尊信君主，全国上下就会洋溢在
一种神圣的气氛中，国家就会出现一片欢乐、歌颂之声。《尚书》
上讲："君主英明啊！大臣贤良啊！诸事安康啊！"

# 百工章第四①

　　有国之建②,百工惟才,守位谨常③,非忠之道。故君子之事上也,入则献其谋,出则行其政,居则思其道,动则有仪④。秉职不回⑤,言事无惮⑥。苟利社稷,则不顾其身。上下用成⑦,故昭君德⑧。盖百工之忠也。《诗》云:"靖共尔位,好是正直⑨。"

**【题解】**

　　本篇讲的是"百工"即各种官吏的忠,分别从"入""出""居""动""秉职""言事"等方面提出了具体要求。

**【注释】**

①百工:各种官吏,犹言百官。

②有国:国家。有,助词,放在名词前,无实义。

③谨常:小心谨慎地按常规办事。

④仪:法度,准则。

⑤秉职:掌管职权。秉,执掌,操持。回:惑乱,偏私。

⑥惮:惧怕。

⑦上下用成:一往直前。

⑧昭:昭示。

⑨"靖共尔位"二句:认真办好本职事,亲近正直靠贤良。好,爱好。

**【译文】**

　　国家的建设与发展,需要大量有才干的官吏,但是如果这些官吏,仅仅知道亦步亦趋,小心翼翼,惧怕一切,不知变通,并不能算是坚守忠道。所以君子侍奉上级的一般做法是:来朝廷晋见,则献计献策;执行公务时,则一律按照上级的规定与安排实行;在家休息时,就反复琢磨治国之道;出门活动时,一举一动都遵守法度准则。执行公职,一点也不徇情枉法;汇报工作,自然也没有什么畏惧之态。凡是有利于国家的事情,就会一往直前,连自己的身体都不会顾惜。上级、下级能够互相配合,顺利完成各项任务,这样,就能使君王的美德得以昭明。以上所说的就是官吏的忠道。《诗经》上说:"认真办好本职事,亲近正直靠贤良。"

# 守宰章第五①

在官惟明，莅事惟平②，立身惟清。清则无欲，平则不曲③，明能正俗④。三者备矣，然后可以理人。君子尽其忠能，以行其政令，而不能理者，未之闻也。

夫人莫不欲安，君子顺而安之；莫不欲富，君子教而富之，笃之以仁义，以固其心。导之以礼乐，以和其气。宣君德以弘大其化，明国法以至于无刑。视君之人，如观乎子，则人爱之，如爱其亲，盖守宰之忠也。《诗》云："恺悌君子，民之父母⑤。"

【题解】

本篇讲的是"守宰"即地方官吏应该履行的忠道。作者首先提出为官之德：明、平、清，继而又提出为官之道：顺而安之、教而富之、笃之以仁义、导之以礼乐、宣君德、明国法，对地方官吏如何履行忠道提出了具体的要求。

【注释】

①守宰：地方官吏的泛称。

②莅：治理，掌管。

③曲：邪僻不正。

④正俗:端正风气。

⑤"恺悌君子"二句:和乐平易的君子,你如同民众的父母啊!恺
  悌(kǎi tì),和乐平易。

## 【译文】

　　当官的人首要的是要办事严明,处理事情要做到公平合理,自
己安身立命要清白廉洁。清白廉洁,就不会有什么贪欲;公平合理,
就不会邪僻不正;办事严明,就能使民众信服。清、平、明三条原则
都坚持并且落实好了,才可以管理人民。一个贤能的人,能够竭尽
他的忠良和才能,并如实地执行上级交给他的各项命令,但却不能
治理好国家,这种事情简直闻所未闻。

　　没有人不想过安定的生活,贤能的君子只要顺着民心民意,就
能使民众安定下来;没有人不想发家致富,贤能的君子应当教育他
们怎样走上富裕之路,并教育他们笃信仁义道德,使他们的思想、心
绪稳定下来;引导他们按礼制办事,多多受音乐感化,使他们的性情
温和、平静。然后宣传、弘扬君王的品德,使君王的教化更广泛、普
及;倡明国家法律,使得人们都不会做违法犯罪的事。如果官吏们
能把君王的臣民,视同自己的儿女,那么民众也就会忠爱官吏,如同
爱戴自己的亲人一般。这就是地方官吏的忠君之道。《诗经》上说:
"和乐平易的君子,你如同民众的父母啊!"

# 兆人章第六<sup>①</sup>

天地泰宁，君之德也。君德昭明，则阴阳
风雨以和<sup>②</sup>，人赖之而生也。是故祗承君之法
度<sup>③</sup>，行孝悌于其家<sup>④</sup>，服勤稼穑<sup>⑤</sup>，以供王赋，此
兆人之忠也。《书》云："一人元良，万邦以贞<sup>⑥</sup>。"

【题解】

本篇讲的是"兆人"即老百姓应该履行的忠道。作者认为，如果君
王能够实行仁政，老百姓自然会遵守各种制度、法令，在家孝敬父母、
尊敬兄长，勤劳地从事生产。

【注释】

①兆人：指百姓。

②以：表示结果的连词，有"因而"之意。

③祗(zhī)承：恭敬地遵守。

④孝悌：孝顺父母，敬爱兄长。也作孝弟。

⑤稼穑：种植和收割。泛指农业生产劳动。

⑥"一人元良"二句：天子道德品行高超，天下民众都会忠于他。一人，
　指天子。元，大。良，善，好。贞，正，纯正。

【译文】

天地自然安泰祥宁，这是君王的品德感化所至。君王的德行显

扬于天下,那么就会阴阳调和、风调雨顺,普通民众就能靠自然界的调顺而生活。正由于君王给民众带来幸福与安宁,所以,民众应当恭恭敬敬地遵守君王所制定的各种制度、法令,在家孝敬父母、尊敬兄长,勤劳地从事生产,以满足家用,并向君王上缴赋税。这就是作为一个普通老百姓所应恪守的忠道。《尚书》上说:"天子道德品行高超,天下民众都会忠于他。"

# 政理章第七①

夫化之以德②,理之上也,则人日迁善而不知③;施之以政,理之中也,则人不得不为善;惩之以刑,理之下也,则人畏而不敢为非也。刑则在省而中,政则在简而能,德则在博而久。德者,为理之本也。任政非德④,则薄;任刑非德,则残。故君子务于德⑤,修于政,谨于刑。因其忠以明其信,行之匪懈⑥,何有不理之人乎!《诗》云:"敷政优优,百禄是遒⑦。"

【题解】

本篇首先阐述了政理即治术的三种境界,即"化之以德""施之以政""惩之以刑",接着分别对"刑""政""德"提出了具体要求,并强调"德"是治术的根本所在,是"任政"和"任刑"时应遵循的依据。

## 【注释】

①政理：治国之道。

②夫：句首发语词，没有实际意义。

③迁善：向善的方向发展。

④任：凭借。

⑤务：致力，专力从事。

⑥匪懈：不要松懈。

⑦"敷政优优"二句：实行政令很宽和，百样福禄就会汇集。敷，传布，施行。优优，宽和的样子。遒(qiú)，聚集。

## 【译文】

　　用道德教化天下臣民，这是治理国家的最佳办法。因为使用这样的办法，民众就会不知不觉地日益向好的方面发展；用政策法律来管理国家，这是治理国家的次等办法。因为采取这种办法，民众并不是出于自愿，而是不得已按照规定好的条例去办，以求得向好的方面发展；动用惩罚的手段治国，这是治理国家最差的办法。因为采取这种办法，人们容易产生畏惧感，而不敢再为非作歹了。用惩罚治国，应该尽量减省刑罚的使用，并做到用刑适可而止。用政策治国，讲求政令的精简有效。用德治国，讲求道德推行范围的广泛和时间的长久。德治应该是治理国家的根本方法。如果用政令法规去统治社会而不讲德治，就会使人情变得淡薄。如果使用法治治国，而不注重道德教化，就会使民风变得残忍。因此，君子首要的任务应该是以德化民，适度地辅以政令手段，并小心谨慎地使用刑罚。只要因循忠道，并且坚持不懈，那么哪儿还会有什么统治不好、管理不好的人呢？《诗经》上说："实行政令很宽和，百样福禄就会汇集。"

# 武备章第八①

王者立武,以威四方,安万人也②,淳德布
洽戎夷③。禀命统军之帅④,仁以怀之,义以厉
之,礼以训之,信以行之,赏以劝之,刑以严之。
行此六者,谓之有利。故得师尽其心,竭其力,
致其命。是以攻之则克⑤,守之则固,武备之道
也。《诗》云:"赳赳武夫,公侯干城⑥。"

【题解】

本篇阐述的是"武备"即军队应履行的忠道。在具体阐述时将武
备之忠全部落实到统军之帅的身上,要求他做到六点,即"仁以怀之,
义以厉之,礼以训之,信以行之,赏以劝之,刑以严之"。做到这六点,
军队就能"攻之则克,守之则固"。

【注释】

①武备:军备,武装力量。
②安:使……安宁,动词的使动用法。

③洽：周遍。戎夷：泛指少数民族。

④禀命：受命。

⑤克：战胜。

⑥"赳赳武夫"二句：武士英姿雄赳赳，公侯卫国好屏障。赳赳，勇武的
样子。干，盾。城，城墙。

**【译文】**

  王侯建立起一支强大的军队，就可以威震四方，使天下百姓得
到安宁，甚至可以使淳厚敦化之德布施感化边远少数民族。对于接
受命令、驾驭军队的元帅，应该用仁慈手段去感化，用正义手段去严
格要求，用礼仪之教去训导，用信义之法实行、安排，用奖赏的办法
去劝导，用刑法、律令去严加惩处。按仁、义、礼、信、赏、刑这六项
原则去处理事情，就会一切顺利。如果那样，就能使军队忠心不二，
全力以赴，甚至不惜生命。在这种状况下，军队一旦向敌人发起进
攻，就会取得胜利；一旦处于防守状态，也能坚固难攻。这就是军队
讲求忠道的道理所在。《诗经》上说："武士英姿雄赳赳，公侯卫国好
屏障。"

# 观风章第九①

　　惟臣以天子之命②,出于四方以观风。听不可以不聪③,视不可以不明。聪则审于事,明则辨于理。理辨则忠,事审则分。君子去其私,正其色,不害理以伤物④,不惮势以举任⑤。惟善是与,惟恶是除。以之而陟则有成⑥,以之而出则无怨。夫如是⑦,则天子敬职⑧,万邦以宁。《诗》云:"载驰载驱,周爰咨诹⑨。"

## 【题解】

　　所谓"观风",就是观察民风,是古代了解民意的一种重要方法。本篇对大臣观察民风时应履行的忠道提出了一些具体要求:听要聪、视要明、去其私、正其色、不害理、不惮势。

## 【注释】

①观风:观察民风。

②惟：语气词，用于句首，无实义。

③聪：听觉灵敏。

④害理：伤害事理。

⑤惮：害怕。举任：举荐任用。

⑥陟(zhì)：提升。

⑦夫：语气词，用于句首，以提示下文。如是：如此，这样。

⑧敬职：严肃认真地履行职责。

⑨"载驰载驱"二句：赶着车儿快快跑，遍访天下老百姓。周，普遍、广泛。爰(yuán)，于，在。诹，问。诹(zōu)，聚集讨论。谘诹，访问。

## 【译文】

　　作为大臣按照天子的命令，出使四方，以观察、了解民风世情。听觉不可以不敏捷，观察了解不可以不清楚。善听才能对事物详加审查，视明才能真正分清、辨析问题。问题能辨析清楚，才能显现其忠道之心，事情详审明白才能分辨是非。有道君子应去掉私欲私心，端正自己的本色气质，不去损害事理而使任何事物受到伤害，更不因为害怕权势而举任那些不才之人。只要是好的善的就举荐任用，只要是坏的差的就予以铲除。根据这样的原则任用、提升官员，他们就会做出成绩；根据这样的原则罢免官员，他们也不会有什么怨恨。如果一切都这样行事的话，那么天子就会严肃认真地履行职责，整个天下就都会安宁无事。《诗经》上说："赶着车儿快快跑，遍访天下老百姓。"

# 保孝行章第十①

夫惟孝者②，必贵本于忠。忠苟不行③，所率犹非道④。是以忠不及之而失其守⑤，匪惟危身⑥，辱及亲也。故君子行其孝必先以忠，竭其忠则福禄至矣。故得尽爱敬之心以养其亲，施及于人，此之谓保孝行也。《诗》云："孝子不匮，永锡尔类⑦。"

## 【题解】

所谓"保孝行"，即保证孝道的推行。本篇论述孝与忠的关系，认为遵守忠道是推行孝道的重要保证，一个人要遵守孝道，首先必须遵守忠道。

## 【注释】

①保孝行：保证孝道的推行。

②夫惟：发语词，用于句首，无实义。

③苟：如果。

④所率：所从事的一切。率，做，从事。

⑤是以：因此。

⑥匪惟：不只是。

⑦"孝子不匮"二句：孝子孝心永不竭，神灵赐你好前程。匮，竭尽，缺乏。锡，通"赐"，赐予。尔类，你们这种人。

**【译文】**

奉行孝道的人，必然也重视忠道。如果一个人连忠道都不能奉行的话，那么他所做的一切都不会符合道德标准。所以在忠道尚且不能奉行的情况下，最容易失去其应有的东西，这不仅仅是危害他自己，同时也会给他的亲人带来耻辱。所以，有道德品行的君子在奉行孝道之前，首先要恪守忠道。只要做到以忠道办事，富贵荣禄自然就会降临到他身上。因此，也就能对自己的亲人尽到爱敬之心，并很好地赡养他们，甚至还可以惠及其他的人。这样做，就称得上是真正奉行了孝道。《诗经》上说："孝子孝心永不竭，神灵赐你好前程。"

# 广为国章第十一①

明主之为国也,任于正②,去于邪③。邪则不忠,忠则必正。有正然后用其能。是故师保道德④,股肱贤良⑤,内睦以文,外威以武,被服礼乐⑥,堤防政刑⑦。故得大化兴行,蛮夷率服⑧,人臣和悦,邦国平康。此君能任臣、下忠上信之所致也。《诗》曰:"济济多士,文王以宁⑨。"

**【题解】**

本篇论述君主如何识别和任用人才的问题,认为一个英明的君主要大胆任用那些为人正直的优秀人才,因为只有正直的人才会忠心耿耿,才能忠于国家、辅佐君王。

**【注释】**

①为国:治理国家。

②正:正直的人。

③邪:邪僻的人。

④师保:官名,负责辅佐帝王和教导贵族子弟,有师和保,统称师保。

⑤股肱:大腿和胳膊的上部。比喻辅佐帝王的得力大臣。

⑥被服:比喻蒙受某种风化或教益。

⑦堤防:防备。

⑧率服：全部臣服。率，一概，全部。

⑨“济济多士”二句：济济一堂人才多，文王安宁国富强。济济，众多的样子。

## 【译文】

英明的君主治理国家，要任用那些为人正直的优秀人才，免去那些为人不够正直的人。为人不够正直的人往往缺乏忠心，而忠心耿耿的人必定为人正直。用人首先要看他是不是行得正，然后才能使用他的才能。所以，选用的老师都很有道德修养，起用的辅佐大臣都十分贤良公正，对内则以文治，对外则依靠武力，广泛地施行礼义之教，慎重地施行刑律、法治。这样的话，就能使教化兴行，少数民族归顺，平民百姓和大臣都十分和睦喜悦，国家安定团结、兴旺发达。这就是君王善用臣子、下忠上信所开创的喜人局面。《诗经》上说："济济一堂人才多，文王安宁国富强。"

# 广至理章第十二①

　　古者圣人以天下之耳目为视听②,天下之心为心,端旒而自化③,居成而不有④,斯可谓致理也已矣。王者思于至理,其远乎哉! 无为而天下自清⑤,不疑而天下自信,不私而天下自公。贱珍则人去贪⑥,彻侈则人从俭⑦,用实则人不伪,崇让则人不争。故得人心和平,天下淳质⑧。乐其生,保其寿,优游圣德⑨,以为自然之至也。《诗》云:"不识不知,顺帝之则⑩。"

## 【题解】

　　本篇论述的是治理国家最高的道理,认为君主只有顺乎天意、合乎民心,天下才能得到大治。这实际上说明,天下黎民百姓、文武百官能否遵守忠道,根本上取决于君主的治国之术。

## 【注释】

①至理:最高的道理。

②天下之耳目:指天下所有人的所见所闻。

③旒(liú):帝王冠冕前后悬垂的玉串。自化:(国家)自然得到治理。

④居成:拥有成绩。

⑤无为:道家指清静虚无,顺其自然。儒家指不施刑罚,以德政感化人民。

⑥贱珍：轻视珍贵的东西。

⑦彻：撤除，撤去。

⑧淳质：敦厚，质朴。

⑨优游：悠闲自得。

⑩"不识不知"二句：好像不知又不觉，顺乎天意把国享。不识不知，不知不觉。顺，遵循。则，法则。

## 【译文】

  从前的圣德明君，把天下所有人的所见所闻都利用起来，作为自己的闻知；利用天下所有人所想到的，作为自己所想到的；连头上的帽子的玉串也不用晃动一下，国家就得到治理；即使取得成就，也不归功于自己，如此可谓天下大治了。帝王思考着如何治理国家的谋略，涉及得极深极广。若能如此，不施刑罚，以德政感化人民，天下自然而然变得清静太平；不用怀疑，天下之人自然而然变得令人信赖；不怀私心，天下人民自然而然变得公正无欺。不再器重珍贵的东西，人们心中的贪念就会去掉；改掉奢侈的习惯，世人就会变得节俭起来；崇尚实在，那么人们也就反对作假；推崇忍让，那么人与人之间就不会发生争斗。所以说，只要人心平和，天下也就趋于淳厚、质朴。人们都喜欢自己的生活，自然也就能获得健康长寿，悠闲自得地走在既圣明又厚德的境地上，并且一切都是那样的自然。《诗经》上说："好像不知又不觉，顺乎天意把国享。"

# 扬圣章第十三①

　　君德圣明,忠臣以荣;君德不足,忠臣以辱。不足则补之,圣明则扬之,古之道也②。是以虞有德③,皋繇歌之④。文王之道⑤,周公颂之⑥。宣王中兴⑦,吉甫咏之⑧。故君子臣于盛明之时必扬之⑨,盛德流满天下,传于后代,其忠矣夫。

**【题解】**

　　本篇以皋陶歌虞德、周公颂文王、吉甫咏宣王为例,阐明"扬圣"即弘扬、赞美君王的圣德美名也是履行忠道。

## 【注释】

①扬圣:弘扬圣明君主的美德懿行。

②道:法则。

③是以:因此。虞:即虞舜,传说中父系氏族社会后期部落联盟领袖。

④咎繇(yáo):即皋陶,传说中东夷族的首领。相传曾被舜任为掌管刑法的官,后被禹选为继承人,早死未继位。

⑤文王:即周文王,商末周族首领。

⑥周公:西周初年政治家。周文王子,周武王弟。

⑦宣王:即周宣王,他即位后,任用召穆公、尹吉甫等大臣,整顿朝政,使已衰落的周朝一时复兴。

⑧吉甫:即尹吉甫,周宣王时著名的大臣。

⑨臣:为臣,役使。

## 【译文】

　　君王道德高尚,圣哲明智,那么作为臣属的自然深感荣幸;君王品德不高,作为臣属的则会感到委屈。对于才德不足的君主,忠臣们应该设法促其弥补;对于圣哲明智的君主,忠臣们应该设法加以弘扬,这是自古以来的法则。所以,从前虞舜有德,他的大臣皋陶就用歌谣来赞美他的品行。周文王有道,周公就写诗来赞颂他。宣王时国家中兴,尹吉甫就吟咏赞美他。所以君子们在盛世时为臣,一定会设法去弘扬、赞美他们的君王,使君王的盛德美名普天之下尽人皆知,并为后代传扬。这才是真正的忠道啊!

# 辨忠章第十四

　　大哉，忠之为用也。施之于迩①，则可以保家邦；施之于远，则可以极天地②。故明王为国③，必先辨忠④。君子之言，忠而不佞⑤；小人之言，佞而似忠而非，闻之者鲜不惑矣⑥。夫忠而能仁，则国德彰⑦；忠而能知⑧，则国政举⑨；忠而能勇，则国难清。故虽有其能，必由忠而成也。仁而不忠，则私其恩；知而不忠，则文其诈⑩；勇而不忠，则易其乱。是虽有其能，以不忠而败也。此三者，不可不辨也。《书》云："旌别淑慝⑪。"其是谓乎。

**【题解】**

　　本篇从"施忠"的重要性导出"辨忠"的重要性。作者认为忠道的作用是很大的，它可以保家卫国，可以通天达地，但圣明君王治理国家，首要的事情是分辨忠奸，使忠道真正能发挥作用。

**【注释】**

①迩：近。
②极：通达。
③明王：英明的君王。为：治理。
④辨：辨别。

⑤佞：用巧言奉承人，奸伪。

⑥鲜：少。

⑦彰：明显，显著。

⑧知：有才能。

⑨举：推举。

⑩文：掩饰。

⑪旌别淑慝(tè)：识别好坏。旌别，识别。淑，好。慝，坏。

## 【译文】

忠道的作用是多么的伟大啊！从近期效果来看，它可以保家卫国；从长远效果来看，它可以通天达地。所以圣明君王治理国家，首要的事情是分辨忠奸。忠良之士所讲的话，忠信不欺，值得信赖；奸佞小人所讲的话，虽貌似忠正但并不忠正，是一派欺人之谈，然而听到这些话的人还很少有不被迷惑的。任用那些既忠信又仁慈的人，国家的德业就会得到彰显；任用那些恪守忠信而又富有才干的人，国家政策一定会得到推举；任用那些既忠贞而又果断英勇的人，就一定能平定国难。所以说，一个人，虽然他具有各方面的才能，但一定还要讲求忠道才能真正获得成功。如果他仁慈而不忠诚，就会偏袒那些对他有恩的人；如果他有才智却缺乏忠信，就会善于掩盖自己的欺诈行为；如果英勇无畏却不讲忠道，就容易给社会增添祸乱。这些都足以说明，再有才干，不行忠道，就会招致失败。这三个方面，不能不加以认识、辨别。《尚书》上说："区别好的和坏的吧！"大概就是讲的这个道理。

# 忠谏章第十五①

　　忠臣之事君也②,莫先于谏。下能言之,上能听之,则王道光矣③。谏于未形者④,上也;谏于已彰者⑤,次也;谏于既行者⑥,下也。违而不谏,则非忠臣。夫谏始于顺辞⑦,中于抗议,终于死节⑧,以成君休⑨,以宁社稷⑩。《书》云:"木从绳则正,后从谏则圣⑪。"

【题解】

　　本篇首先指出谏君是忠臣事君的要道,以此为基础论述忠臣谏君的三种境界:谏于无形、谏于已彰、谏于既行。

【注释】

①谏:用言语规劝君主或尊长改正错误。

②事：服事，侍奉。

③光：光明。

④未形：错误尚未发生。

⑤已彰：错误已经出现。

⑥既行：错误已经造成。

⑦顺辞：顺心可意之辞。

⑧死节：以死相谏。

⑨休：美善，吉庆。

⑩社稷：国家。

⑪"木从绳则正"二句：木依从绳墨砍削就会正直，君王依从谏言行事
　就会圣明。从，依从。后，君王。

**【译文】**

　　忠良之臣侍奉君王，最首要的莫过于能直言进谏。臣下能大胆
向君王进言，君王也能积极听取采纳，那么帝王之道就前途光明了。
能在事情或过失尚未发生之前进谏，使缺点、错误消失在萌芽状态，
这种进谏方式属于上等；事情或过失已经出现、发生了，再向君王进
谏，这种进谏方式属于次等；事情或错误已经造成不良后果，再向君
王进谏，这种进谏方式属于下等。至于君王们已经犯了过失，有悖
常情，臣属却不去谏诤，那就不能算作是忠臣了。谏诤最好的方式
是用可以使君王顺心可意之辞去劝说，以便让他能高高兴兴地接
受。如果这样不能使他接受的话，就用据理力争的办法去争取。这
样君王仍然对所言不能加以采纳，最后的办法就是以死相谏了。通
过以上方式成就君王的美行善举，从而保证国家的安宁祥和。《尚
书》上说："木依从绳墨砍削就会正直，君王依从谏言行事就会圣明。"

# 证应章第十六

惟天鉴人①，善恶必应②。善莫大于作忠，恶莫大于不忠。忠则福禄至焉，不忠则刑罚加焉。君子守道③，所以长守其休④；小人不常⑤，所以自陷其咎⑥。休咎之征也⑦，不亦明哉？《书》云："作善，降之百祥；作不善，降之百殃⑧。"

## 【题解】

本篇阐述"作忠"与"不忠"各自所带来的后果：忠则福禄至焉，不忠则刑罚加焉。当然，作者对这种后果的认识是建立在唯心主义基础上的，所谓"惟天鉴人，善恶必应"。

## 【注释】

①惟：发语词，无实义。鉴：鉴别。

②应：报应。

③守道：遵守忠道。

④休：美善，吉庆。

⑤不常：违反常规。

⑥咎：灾害，灾祸。

⑦征：征候，预兆。

⑧"作善，降之百祥"等句：作善事的，就赐给他百福；作坏事的，就赐给他百殃。

**【译文】**

上天时时刻刻能够鉴别世人，凡世人行善作恶都有报应。世界上最大的善事莫过于奉行忠道，最大的恶行莫过于不忠。凡是奉行忠道，福禄就会来到身边；凡是所作所为不忠，就会有刑罚降于头上。君子能够遵守忠道，所以他能长期坚守美善吉庆；小人由于不能持之以恒，常行不轨，所以往往陷入自己给自己带来的灾难、祸害中。好和坏的征兆，不是十分明显吗？《尚书》上说："作善事的，就赐给他百福；作坏事的，就赐给他百殃。"

# 报国章第十七

为人臣者官于君①,先后光庆②,皆君之德。不思报国,岂忠也哉?君子有无禄而益君,无有禄而已者也③。报国之道有四:一曰贡贤④,二曰献猷⑤,三曰立功,四曰兴利。贤者国之干⑥,猷者国之规⑦,功者国之将,利者国之用。是皆报国之道,惟其能而行之。《诗》云:"无言不酬,无德不报⑧。"况忠臣之于国乎!

## 【题解】

本篇首先阐明报国也是履行忠道,然后重点阐释报国的四种具体方法:贡贤、献猷、立功、兴利。

## 【注释】

①官:为君王治理(国家)。

②先后光庆:为祖先带来光荣,为后代带来幸福。

③而已:因而废止。已,停止,废止。

④贡贤:举荐贤才。

⑤献猷:献计献策。猷,计谋,计划。

⑥干:主干,即栋梁之材。

⑦规:规划,谋划。

⑧"无言不酬"二句:没有一句话不予以应答,没有一次恩德不予以回

报。酬,应合,应答。

【译文】

　　作为臣属为君王做官治理天下,给祖先带来荣誉,给后代带来幸福,都是由于受了君王的恩赐、降福。臣属如果没想到报效国家,这难道还能算得上是忠义之举吗?君子只有不受俸禄却为国君服务的,却没有受了俸禄不报答君王的。报国之道有四种:一是举荐贤才,二是出谋划策,三是建功立业,四是为民谋利。推举贤才的人,为国家提供栋梁之材;献计献策的人,为国家提供治国方略;建功立业的人,是保卫国家的将帅之才;为民谋利的人,是国家的有用之才。这些都是报效国君的方法。只要是尽了自己的能力去做,这就够了。《诗经》上说:"没有一句话不予以应答,没有一次恩德不予以回报。"何况身为忠臣而对于自己的国家呢?

# 尽忠章第十八

　　天下尽忠,淳化行也①。君子尽忠,则尽其心;小人尽忠,则尽其力。尽力者则止其身②,尽心者则洪于远③。故明王之理也④,务在任贤⑤。贤臣尽忠,则君德广矣⑥。政教以之而美⑦,礼乐以之而兴,刑罚以之而清,仁惠以之而布⑧。四海之内,有太平焉。嘉祥既成,告之上下。是故播于《雅》《颂》⑨,传于无穷。

【题解】

　　本篇实际上是对以上各篇的一个总结,作者描述了君子、小人、明王、贤臣等各尽其忠之后即将出现的可喜局面,表明了对忠道理想的追求。

**【注释】**

①淳化行也:淳厚的教化风行。

②止:仅,只。

③洪:指本领大。

④明王:英明的君王。理:治理,管理。

⑤务:事情,任务。

⑥广:广大。

⑦以之:因此。下同。

⑧布:遍布,普及。

⑨《雅》:《诗经》中的一类,分《大雅》《小雅》。《颂》:《诗经》中的一类,
  包括《周颂》《鲁颂》《商颂》,是统治者祭祀时配有舞乐的歌辞。

**【译文】**

　　普天之下的人都能尽行忠道,那么就会出现教化淳厚的可喜局
面。君子行忠道,主要是尽其忠心。常人行忠道,主要是尽其体力。
尽体力效忠的人,其绵薄之力一般只限于他自身;尽心智效忠的人,
其巨大的影响则能遍及到极远极广的地方。所以,圣明的君王治理
国家,关键之处在于选择、任用贤明的臣属。如果臣属贤明并又恪
尽忠道,那么君王之德泽就会被广泛地传播开来,从而达到天下大
治。于是,国家政治教化因此而产生和美的效果,礼治文化也因此
而兴起、发达,国家刑罚也因此而出现清明局面,帝王施予民众的仁
政、恩惠也因此得以遍布、普及。这样的话,整个天下就会呈现出一
派真正的太平盛世景象。美好吉祥的局面已经形成,于是就将它敬
告给天上地下的神灵。这就是为什么要通过《雅》《颂》加以传播,并
代代相传、没有穷尽的原因所在。